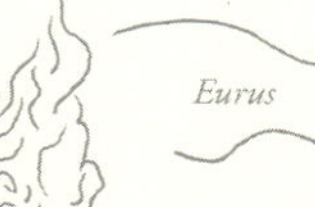

Eurus

Notus

鬼頭昭雄

Akio Kitoh

# 異常気象と地球温暖化

## ——未来に何が待っているか

Boreas

岩波新書
1538

# はじめに――異常気象に敏感な人がなぜ地球温暖化に鈍感なのか

ここ五〇年の地球の気候が変化してきていることは事実であり、これには疑いの余地がありません。地上気温が高くなっているばかりではなく、海洋も温暖化しており、積雪面積や北極の海氷は減少してきています。人間活動が気候に影響を与えてきた可能性が極めて高いと科学者は評価しています。その最も大きな原因は、産業革命以来の人間活動による大気中への二酸化炭素の放出です。

一方で、熱波や大雨・豪雨など、災害をもたらす異常気象が毎年のように起こっています。異常気象とは、人が一生の間にまれにしか経験しない、大雨や強風などの短時間の激しい気象現象や、数ヶ月も続く干ばつや冷夏などのことです。

熱波が頻繁に起こったり、大雨の程度や強雨の激しさが増したり、強い台風が襲来したり、もともと雨の少ない地域で干ばつが続いたり、世界のあちらこちらで気候が変化してきています。地球温暖化はこれに拍車をかけることになるでしょう。

地球の気候は、人間活動による温暖化がなくても、常に自然に変動しています。そのため、常に世界のどこかで「異常」気象が起こるのが、むしろ「正常」といえます。しかしながら、異常気象の程度が激しくなることや、あまりにも頻繁に起こるようになってくる要因の一つに、地球温暖化があることが明らかとなってきました。

地球温暖化の影響の中には、人間にとって良い影響もあるでしょう。しかし、人類が経験したことのない暖かい世界に向かってこれまでにないスピードで気候が変化していく先には、悪い影響も予想されています。それを私たちは甘受できるでしょうか？　地球温暖化は「徐々に起こる災害」です。人々の目に見えるようになったときには、それへの対応は手遅れになっているでしょう。しかし、地球温暖化を抑えることに対して、人々は敏感ではありません。なぜでしょうか。

一九九二年の地球サミット（環境と開発に関する国際連合会議）は、大気中の温室効果ガスの濃度を安定化させることを究極の目標とする「気候変動に関する国際連合枠組条約」を採択し、地球温暖化対策に取り組んでいくことに合意しました。同条約にもとづき、一九九五年から毎年、気候変動枠組条約締約国会議（COP）が開催されていますが、どういった対策をとり温室効果ガス濃度の上昇を抑えるかについて、堂々巡りの議論が続いています。二〇一五年一二月にはパリでCOP21が開かれ、すべての国が参加する二〇二〇年以降の枠組みの合意がなされることになっています。

国際的合意に至らない理由は数々ありますが、地球温暖化による影響が表れるのはずっと先の話で、緊急性がない、と多くの人が判断していることも一因でしょう。

でも本当にずっと先の話なのでしょうか？　世界の科学者は、地球温暖化の影響を予測すべく、過去に起こった気候変動の実態と原因を調べることから、今世紀中に起こる可能性のある気候変化や災害をもたらす極端な気象現象まで、研究を進めています。過去を知らなくては未来はわかりません。また、将来の気候を予測する手段である気候モデルは、過去の気候を再現することで、その性能（使えるかどうか）が決まります。本書では現在までわかったことを紹介するとともに、このような知見をどのように活かしていけるかを考えます。IPCC（気候変動に関する政府間パネル）が二〇一三〜二〇一四年に提出した第五次評価報告書には、気候変動の自然科学的根拠、温暖化の影響、そして対策がまとめられています。

異常気象の発生に地球温暖化が関わっている証拠が増えつつあります。異常気象は今後どうなるのでしょうか。熱波はどの程度増えるのでしょう。大雨は増えるのでしょうか。強い雨の強度が強くなるのでしょうか。これまでにない強い台風が来るのでしょうか。もちろん、温暖化の悪影響は異常気象に限りません。

今対策を始めないと後で後悔することになります。「後」とは、子や孫の世代だけでなく、自分自身の世代でもあるのです。

異常気象と地球温暖化

# 目次

目次

# 第1章　異常気象

# 1　異常気象とは何か

## 三〇年間に一回以下

日本では、毎年のように、熱波、大雨、大雪のような異常気象が起こっています。皆さんの土地でも経験しているかもしれません。また、世界各地の異常気象もしばしば報道されています。

「異常気象」とは、一般に、過去に経験した現象から大きく外れた現象で、人が一生の間にまれにしか経験しない現象のことを言います。数時間程度の大雨や強風などの激しい気象や天気の異常から、数ヶ月も続く干ばつや極端な冷夏といった気候の異常も含まれます。気候とは、長期にわたる気象の平均です。

気象庁では、気温や降水量などの異常を判断する場合、原則として「ある場所（地域）・ある時期（週、月、季節）において、三〇年間に一回以下の頻度で発生する現象」を異常気象としています。

## 平年値

異常気象を判断するときの基準は、「平年値」と呼ばれます。現在気象庁で使っている平年値は、一九八一〜二〇一〇年の三〇年間の平均です。世界気象機関によると、年々の変動を除去できるほど充分長く、かつ長期的な変化傾向を表すには充分短い、ということで三〇年とされています。三〇年間というのはほぼ一世代で、おおむね私たちの記憶にある過去の範囲に相当します。

平年値は一〇年ごとに改定されています。二〇一〇年までは、一九七一〜二〇〇〇年の平均を平年値としていました。長期的な気候変動を反映して、現在の平年値はそれまでの平年値に比べて、気温が全国的に〇・二〜〇・四℃高く、桜の開花日が一〜三日早く、冬の降雪量は日本海側の多くの地点で減少しました。東京の平年値は年平均気温で〇・四℃上がり、年間の熱帯夜日数が四・七日増えました。このような平年値の変化やジャンプを良しとしないで、今でも一九六一〜一九九〇年の平均値を使っているケースもあります。

なお、平年値の改定とは別に、観測点が移転する場合があります。「東京」の観測点は、千代田区大手町にある気象庁本庁敷地内の露場でしたが、二〇一四年一二月二日に北の丸公園内に移転しました。これは、気象庁本庁が港区虎ノ門に移転することに伴うものです。

この観測点の移転により、東京の平年値が変わりました。年平均気温は一六・三℃から一五・四℃へと、〇・九℃下がりました。最低気温は年平均で一・四℃も下がります。これによって、熱帯夜(最低気温が二五℃を下回らない夜)の日数は年平均二七・八日から一一・三日と半分以下になりました。最低気温の平年値が下がったことで、熱帯夜のように絶対値が基準になる指標で比較するときには大きく変わるわけです。気温の違いは、官庁街から緑の多い公園内へ移転したことにより、ヒートアイランド現象(後述します)の効果が小さくなるためです。都民の実感とは異なる平年値ですね。

## 数十年に一度の大雨

大雨が降ったときに、「数十年に一度の大雨」と言われることがあります。これはどれくらい異常なのでしょうか。「数十年に一度」ということは、ある地点では「数十年に一度は起こる」現象を意味しています。めったに起こらないにしても、人の一生の間に数度は起こってもおかしくないわけです。

またこれは、ある地点でのことです。日本国内には、気象庁の地域気象観測システム「アメダス」が約一三〇〇地点に展開されています。このうち約八四〇地点では降水量（降ってくる雨や雪の量）に加え、風向・風速、気温、日照時間を一時間ごとに観測しています。そのほかの地点では降水量のみを観測しています（なお、気象台や測候所など一五六地点では、一時間ごとではなく、リアルタイムで観測しています）。さらに、気象庁以外の機関による雨量観測点も数多くあります。ということは、「ある地点で数十年に一度」起こる現象は、毎年、数十地点で起こってもおかしくありません。

つまり、「数十年に一度の大雨」がある頻度で降るのは、正常な気候状態といってもいいでしょう。

しかし、「普通の頻度」以上に異常気象が起きているのならば、平均値である気候そのものが変わってきている可能性があります。

## 気候変動と気候変化

「気候変動」と「気候変化」は、厳密に区別することもあれば、同じ意味で使うこともあります。「広辞苑」によれば、「変動」とは「変わり動くこと」、「変化」は「ある状態から他の状態に変わること」です。

地球の気候はさまざまな時間スケールで変わってきましたし、今後も変わりつづけることでしょう。変わるのは、自然が本来持っている変動する性質のためもあれば、現在進行中の「地球温暖化」といった人間活動の影響による場合もあります。その仕組みによって、変化に要する時間もさまざまです。これらを指して気候変動といいます。これに対して気候変化とは、ある時点と別の時点で平均的な状態が変化することを指します。ただし、長期的に一方向の変化を気候変化と呼ぶことや、長期の変化と変動を合わせて気候変化と呼ぶ場合もあります。

「気候変動に関する国際連合枠組条約」の英文名はUnited Nations Framework Convention on Climate Changeです。Climate Changeを直訳すれば「気候変化」ですが、和訳では「気候変動」としています。

## 2　気温の長期変化

### 世界の気温上昇

まずは、過去一〇〇年ほどの観測データから、世界と日本の気温の長期変化について見てみましょう。ここでいう気温とは、地表付近の気温のことです。地上気温ともいいます。気象庁では、観測地点の温度計の高さを地上から一・五メートルに設定しています。

温度計や雨量計などの測器を広範囲に設置して気象観測が始められたのは、一九世紀半ばです。時代とともに、観測点の数が増え、より精密に測ることができるようになってきました。ただし観測点は世界中で均一に置かれているわけではなく、日本や欧米のように密な観測網を敷いている国もあれば、まばらにしか観測点のない国や地域もあります。近年では、政治情勢や経済情勢を反映して観測点が少なくなっている国もあります。

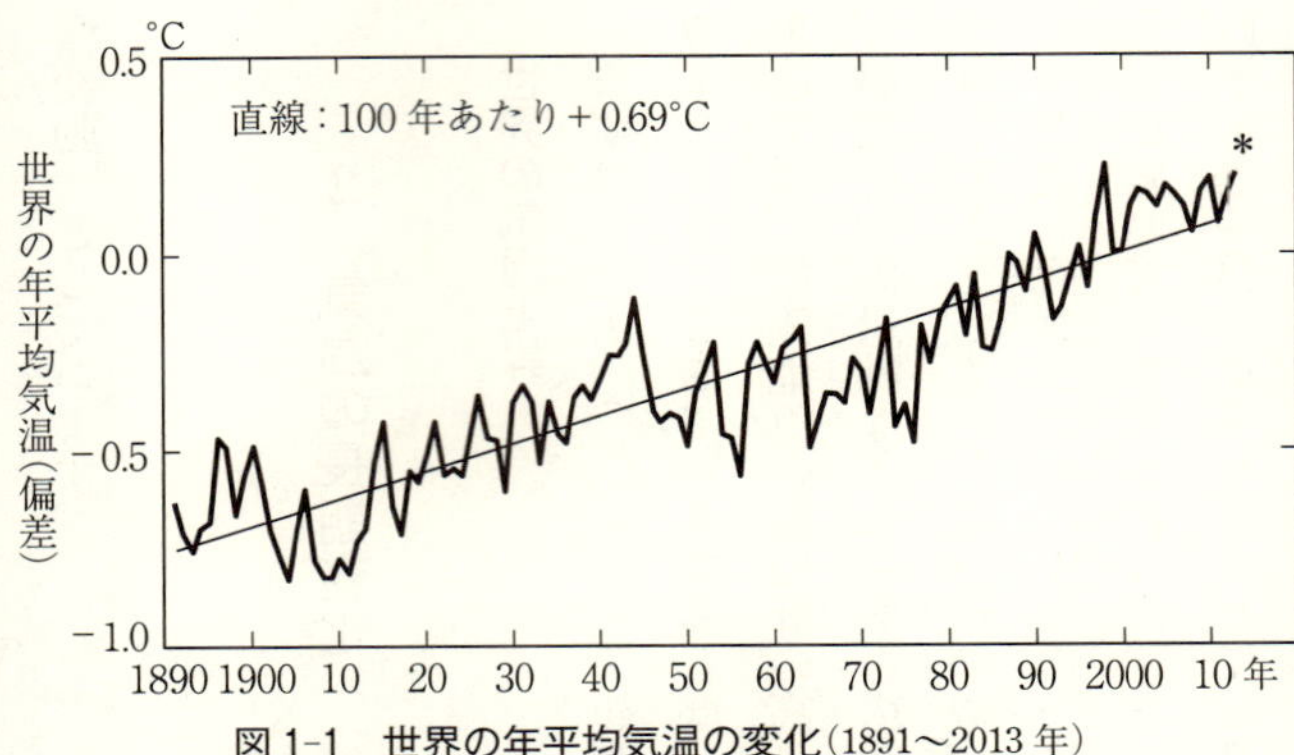


**図 1-1　世界の年平均気温の変化**（1891〜2013 年）
直線は変化傾向を示す．1981〜2010 年の 30 年平均値を基準とした偏差で示している．＊は 2014 年の値．

図１－１は、一八九一年以降の世界の年平均気温の変化です（図１－１〜５は、気象庁「気候変動監視レポート二〇一三」によります）。過去一〇〇年あまり、世界の年平均気温は、一直線に上がってきたわけではなく、年ごとに細かく変動を繰り返しながら上昇しています。また数年〜一〇年程度で上下しているようにも見えます。全期間を平均すると、上昇率は一〇〇年あたり〇・六九℃になります。

少し詳しく見ると、一九一〇年ごろから四〇年代半ばにかけて上昇した後、七〇年代まで上昇せず、下降傾向にある期間もありました。八〇年代から上昇に転じましたが、最近の一五年間は上昇が鈍っています。この気温の上昇の鈍りは、大気の余分な熱を海洋の深いところに運ぶ仕組みが活発だったため、地上気温に大きく影響する海洋表面の水温があまり上昇しなかったことなど、この期間の自然変動が温暖化を打ち消す方向に作用したものと考えられています。

## 短期間の変動に注意

二〇一四年の世界の年平均気温は、一八九一年の統計開始以来最も高くなりました。この年の気温は、一九八一～二〇一〇年の三〇年平均を基準とする値と比較すると、それより〇・二七℃高い値でした。第二位は一九九八年（＋〇・二二℃）、第三位は二〇一三年（＋〇・二〇℃）でした（なお、これらの値は算定する機関により若干異なります。限られた数の観測値を平均して世界全体の値にする手法が異なるためです。それでも二〇一四年の値が統計開始以来最も高くなっています）。年平均気温の経年変化には、長期的な地球温暖化の影響に、数年～数十年程度で繰り返される自然変動が重なっています。

これまで第二位だった一九九八年は、顕著なエルニーニョ現象の影響を受けて世界の気温が高くなった年でした。また二〇一四年も、夏以降にエルニーニョ現象が発生しました。エルニーニョ現象は、数年程度の時間間隔で起こる熱帯太平洋域の変動現象です（第2章で詳しく説明します）。

顕著なエルニーニョ現象により高温だった一九九八年以降、二〇一三年までの十数年間は、この年の気温を上回ることがありませんでした。そのため、一九九八年を始点としてその後十数年間の気温変化傾向を計算すると、気温が変化していない、あるいはむしろ低下しているようにも見えます。ＩＰＣＣの第五次評価報告書では、「世界平均気温の経年変化は、温暖化の傾向に加えて、かなりの大きさの自然変動を含んでおり、短期間の記録による変化傾向は、エルニーニョ現象の影響を受けて高温となった一九九八年を始点とした場合のように、長期的な気候の変化傾向を反映したものにはならない」として、注意を喚起しています。

## 長期的な傾向

二〇一二年までのデータを用いたＩＰＣＣの第五次評価報告書では、「最近三〇年の各一〇年間の世界平均地上気温は、一八五〇年以降のどの一〇年間より高温であった。北半球では、一九八三〜二〇一二年の期間は、過去一四〇〇年において最も高温の三〇年間であった

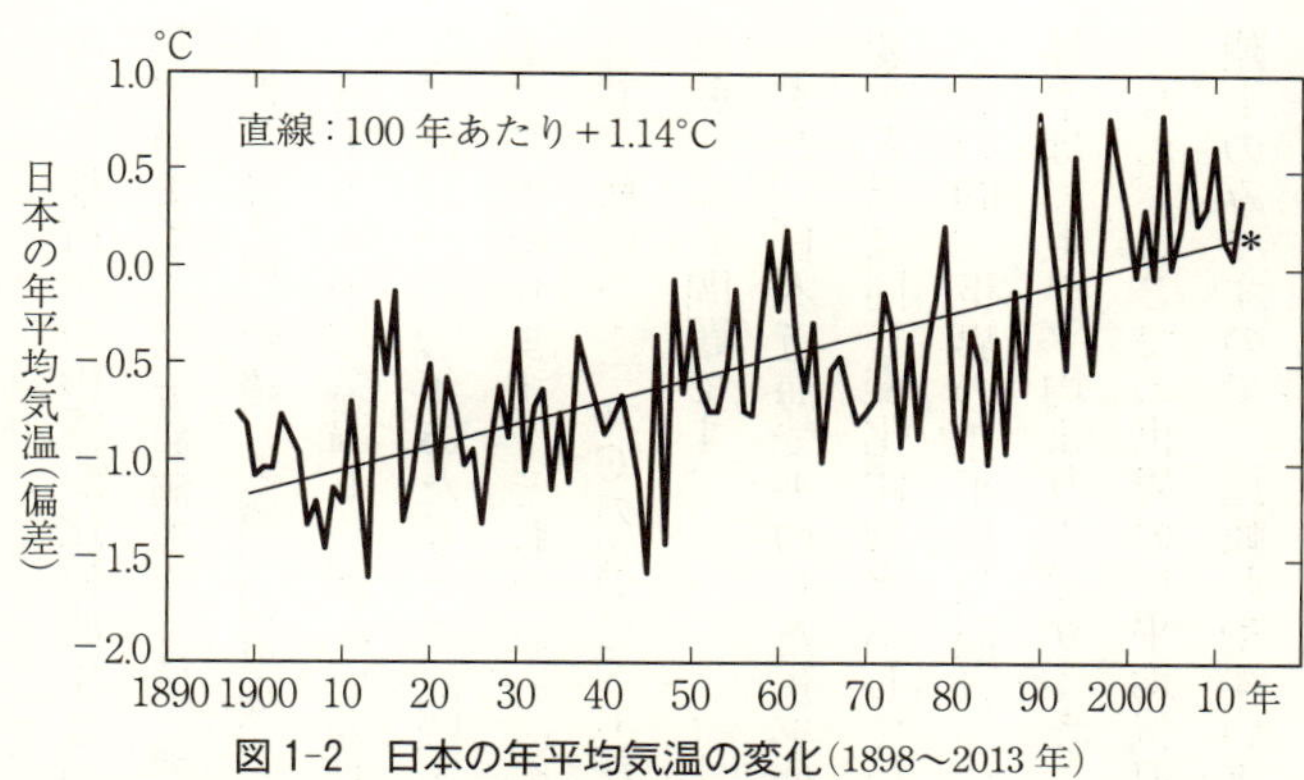


**図1-2　日本の年平均気温の変化**(1898〜2013年)
直線は変化傾向を示す．1981〜2010年の30年平均値を基準とした偏差で示している．＊は2014年の値．

可能性が高い」と結論づけています。

一方、極端な気象および気候現象について調査できるデータは、一九五〇年代以降に限られています。それによると、世界規模で寒い日や寒い夜の日数が減少し、暑い日や暑い夜の日数が増加し、いくつかの地域では熱波の頻度も増加しています。雨に関しては、地域によって変化の傾向はさまざまですが、強い降水現象の回数が増加している地域が多くなっています。

## 日本の高温化

日本の気温の長期変化はどうでしょうか。図1-2が一八九八年以降のデータです。

気象庁は、日本の気温の長期変化傾向をみるために、都市化の影響が比較的少ないとみられる日本国内の一五気象官署での観測結果を利用しています。(一五観測地点とは、網走、根室、寿都、山形、石巻、伏木、飯田、銚子、境、浜田、彦根、多度津、宮崎、名瀬、石垣島、です。)

日本の年平均気温も、細かい変動を繰り返しながら長期的に上昇しています。長期傾向としては、一〇〇年あたり一・一四℃の上昇となっています。また、気温変化の割合は季節によって異なります。それぞれ一〇〇年あたり、冬は一・一五℃、春は一・二八℃、夏は一・〇五℃、秋は一・一九℃の割合で上昇しています。なぜ春の気温上昇が最大になっているのかは興味深い問題です。

また、日本近海で平均した年平均海面水温は、一〇〇年あたり一・〇八℃の上昇と、気温変化とほぼ同じ変化傾向を示しています。

この間、世界の年平均気温は一〇〇年あたり〇・六九℃の上昇でしたので、日本の気温上昇率は、世界平均より大きかった(約一・五倍)ことがわかります。

なお、ここでの世界の年平均気温は陸上と海上の気温を平均したものです。日本の気温は陸上のみですので、比較しやすいように世界の陸上のみの地上気温にすると、一〇〇年あたり約〇・九二℃上昇しました。陸上の方が、海上よりも、昇温の度合いが大きいのですね。「世界の年平均気温で二℃上昇」という場合には、陸と海を合わせた値なので、注意が必要です。

図1-2から見て取れるように、日本の記録的な高温の出現は、おおむね一九九〇年以降に集中しています。年平均気温が最も高かった年は一九九〇年です。この年の気温は、一九八一～二〇一〇年の三〇年平均を基準とする値と比較すると、それより〇・七八℃高い値でした。第二位は二〇〇四年（＋〇・七七℃）、第三位は一九九八年（＋〇・七五℃）でした。

なお世界の年平均気温が第一位となった二〇一四年の日本の気温は、＋〇・一四℃で第一八位でした。図1-1と図1-2を比べてわかるように、世界全体と日本とで、個々の年の気温の変動は一致しないのです。

## 3　最近の異常気象から——記録的な高温

### 異常高温の夏

最近の異常気象を見ていきましょう。

まず、西日本を中心に広い範囲で高温となった二〇一三年夏を振り返ってみます。

八月上旬後半以降は、全国的に気温が平年をかなり上回り、東・西日本の太平洋側では三℃以上上回ったところも多くありました。全国の複数の地点で四〇℃以上の気温が観測され、八月一二日には高知県四万十市江川崎の日最高気温が四一・〇℃となり、国内最高記録を更新しました。さらに、東京では八月一一日の日最低気温が三〇・四℃と、熱帯夜どころか、最低気温でも三〇℃を超えました。ちなみに国内の最低気温の最も高い記録は三〇・八℃で、一九九〇年八月二二日に新潟県糸魚川市で記録されています。東京の記録は、それに次ぐ第二位の記録でした。

なぜ、このような暑さになったのでしょうか。この夏には、東から日本を覆う地上付近の太平洋高気圧と、西側にある高度一〇～一五キロメートル付近のチベット高気圧が、日本付近でともに強まりました。そのため、日本の広い範囲が高気圧に覆われて晴天が続き、気温が上昇しました。また南シナ海からフィリピン海にかけては、例年より積乱雲の活動が活発で、台風も次から次へと発生しました。この活発な積乱雲域で上昇した気流が、中国南部から本州の南海上で下降したことで、太平洋高気圧の勢力の強い状態が続いたと考えられます。この勢力の強い太平洋高気圧のために、南の海上で発生した台風は日本本土には近づくことができませんでした。

二〇一三年夏の記録的な高温現象は、日本だけではなく、中国南部から東シナ海を経て朝鮮半島付近まで広がっていました。特に中国南部では、七月以降気温が平年より高く、降水量が平年より下回っていました。上海では、一ヶ月を通して気温が高く、七月の月平均気温は、三二・〇℃（平年差＋三・四℃）を記録しました。

二〇一三年の夏の高温は、一九九四年八月上旬や二〇〇七年八月中旬に匹敵するものでした。二〇一三年夏（六～八月）の日本の気温は、西日本では平年に比べて＋一・二℃で、統計開始以降第一位、東日本では平年に比べて＋一・一℃で、歴代三位でした。特に八月中旬の気温が高く、北日本・東日本・西日本でそれぞれ、＋二・七℃、＋二・四℃、＋二・三℃と、一九六一年の統計開始以来、八月中旬としては第一位の高温となりました。

### 温暖化の影響か

では、これは地球温暖化の影響なのでしょうか。その長期的な影響が徐々に現れてきていると考えられますが、それだけで平年比二℃以上の偏差を説明することはできません。前に述べたように、日本付近の長期的な気温上昇は、一〇〇年あたり約一℃です。この徐々に上昇する傾向に、海面水温や大気の循環パターンの年々変動が重なって、異常高温となったとみるべきでしょう。

第4章で詳しく述べますが、地球温暖化によって今世紀中に起こると予測される気温上昇はさらに一℃から三℃と考えられています。二℃と仮定した場合、二〇一三年八月に経験した異常高温が平年の値となり、それに年々変動が重なってさらに暑い夏がやってくると予想されます。

高温をもたらす地域的な要因として、ヒートアイランド現象とフェーン現象が知られています。最近では、これらによって記録的な高温が発生しています。

## ヒートアイランド

日本の主要都市の八月平均気温は、一〇〇年あたり約二・〇〜二・五℃の割合で上昇しています。先に示した都市化の影響が少ないと見られる一五地点の気温上昇は約一℃ですから、それより、かなり大きいことがわかります。都市では、温室効果ガスの増加に伴う地球規模の温暖化に加え、都市化の影響による局地的な気温上昇(ヒートアイランド現象)があり、この差をもたらしていると考えられます。

ヒートアイランド(heat island＝熱の島)現象とは、人間活動の影響で(つまり、都市がなかったと仮定したときに観測されるであろう気温に比べ)、都市の気温が高くなることをいいます。地図上に等温線を描くと、高温域が都市を中心に島状に分布することから、このように呼ばれるようになりました。地球全体の温暖化に加えて、都市の気温が上昇することに伴って、熱中症等の健康被害の拡大などが懸念されています。ヒートアイランド現象は冬季や夜間に大きいのですが、夏季にも現れます。

ヒートアイランド現象は、土地利用（緑地や水面の減少）の影響、建築物（高層化）の影響、人工排熱（人間活動で生じる熱）の影響、により起こります。夏季には、日中に建物に蓄えられた熱が夜間に大気中に放出されることで、夜間の気温低下をさまたげます。また、地表面がアスファルトやコンクリートなどの人工物に覆われているため、水分の蒸発が少なく、地表面から大気への直接的な加熱量が大きくなることで、日中の気温が上昇します。

熱中症を予防することを目的として提案された「暑さ指数」という指標があります。熱中症になりやすい条件として、人体と外気との熱のやりとりに着目し、（1）湿度、（2）日射や輻射など周辺の熱環境、（3）気温、の三つを取り入れています。このうち（1）と（3）は理解しやすいですが、（2）は次のようなことです。都市化が進むと、道路は舗装されビルが立て込んできます。アスファルトやビルの壁面は太陽からの熱を吸収しやすいため、都市における地表面温度や建築物の表面温度は、草地などと比べて顕著に高くなります。太陽からの日射に加えて、高温となった地表面や壁面から放出される赤外線（輻射熱）を人体が受けるため、夏の暑さによる体への熱ストレスが大きくなるのです。皆さんも実感としてお持ちではないでしょうか。

二〇一〇年八月と二〇一二年八月の関東地方内陸部を対象にした研究では、この年に太平洋高気圧の勢力が強かったことなどの自然の天候要因に加えて、ヒートアイランド現象が特に強かったことが、平均気温をさらに押し上げた原因と示されています。日照時間が長く地表面加熱が大きかったことや、風向が南寄りだったために沿岸部の都市の存在によって風速が弱められ、海風による気温上昇の抑制効果が内陸部まで及ばずに低下したことが影響していたようです。

気象庁は「ヒートアイランド監視報告(平成二五年)」として、関東・近畿・東海地方などの都市における都市化による気温上昇の要因を報告しています。その結果、東日本と西日本で平均気温がかなり高くなった二〇一三年八月は、平均気温が三〇℃以上の高温域や、三〇℃以上の累積時間が二〇〇時間以上となる領域が都市部を中心に広がるなど、ヒートアイランド現象が明瞭に現れていたことを示しています。

また、天候の状態によって都市化の影響の程度が異なることもわかっています。二〇一三年八月は、太平洋高気圧の勢力が強く、都市化の影響を強めやすい、晴れて風の弱い日が多くなりました。このような天候が都市域での気温をさらに押し上げたようです。

## フェーン現象

日最高気温の国内最高記録は、高知県四万十市江川崎で二〇一三年八月一二日に記録された四一・〇℃です。また、第二位は二〇〇七年八月一六日に、埼玉県熊谷市と岐阜県多治見市で記録された四〇・九℃です。

これらの極端な高温現象には、フェーン現象が関わっています。

風が吹いて山にぶつかると、風は山の斜面に沿って上昇し、山を越えた後はまた斜面に沿って山を下ります。湿った空気が山を越えて反対側に吹き下りたときに、風下側で吹く乾いた高温の風のことを「フェーン」と言い、そのために付近の気温が上昇することを「フェーン現象」と呼びます。

その仕組みを簡単に説明しておきましょう。乾いた空気の塊が何らかの理由で大気中を上昇すると、気温が下がります(空気の塊が膨張して体積が増え外部に対して仕事をするために温度が下がります。断熱膨張といいます)。気温が下がる割合は、一〇〇メートルの上昇につき約一

℃です。同様に、乾いた空気の塊が下降すると、同じ割合で気温が上がります。

実際の空気には、ある程度の水蒸気が含まれています。気温により大気中に含みうる水蒸気量の上限が決まっており、それを飽和水蒸気量といいます。気温が高いほど飽和水蒸気量は多くなります。気温が一℃上がると、約七%増えます。実際に含まれている水蒸気量と飽和水蒸気量の比が、一般にいう湿度(正確には相対湿度)です。

空気の塊が大気中を上昇していくと、気温が下がっていくので、飽和水蒸気量も下がっていきます。はじめに含まれていた水蒸気量によりますが、ある程度気温が下がったところで、湿度が一〇〇%になります。それ以上、空気が上昇して気温が下がると、余分の水蒸気が凝結して水になり、雲粒となります。雲粒が地上まで落ちてきたものが、雨や雪です。水が凝結するときには、熱(凝結熱)が出るので、気温低下は一〇〇メートルにつき約一℃より緩和され、一〇〇メートルにつき約〇・五℃の割合で気温が下がることになります。

そして、逆に山を吹き下りるときは、乾いた空気なので、一〇〇メートルにつき約一℃の割合で気温を上げながら吹き下ります。

たとえば、湿った空気が山を一〇〇〇メートル吹き上がりながら雨を降らせると、気温が五℃下がり、その後、山の反対側で乾いた空気が一〇〇〇メートル吹き下りると、一〇℃気温が上がります。この差により、山の風下側では、気温が五℃上がることになります。これがフェーン現象です。

### 極端な気温上昇

関東平野では都市化率が高いので、太平洋高気圧に広く覆われて日照時間が長く風が弱い日には、ヒートアイランド現象も現れやすくなります。しかし都市化は徐々に起こっていることであり、ヒートアイランド現象のみで、ある年に起こった猛暑や異常高温を説明するのはむずかしいのです。

埼玉県熊谷市で、当時の日本の観測史上最高となる四〇・九℃を記録した、二〇〇七年八月一六日を例にあげましょう。

都市化によるヒートアイランド現象の影響は、数値実験の結果から、熊谷周辺で＋一℃程度と見積もられています。

この日の熊谷をはじめとする関東内陸部の顕著な高温は、ヒートアイランド現象の影響に加えて、フェーン現象が原因と考えられます。高気圧の中心が西日本に位置し、北西から山越えの風が吹き込んで顕著なフェーン現象が発生したのです。熊谷市は、この北西寄りの風と沿岸域を覆う南寄りの風（海風）が合流する場所（収束域）のさらに内陸側に位置しています。比較的涼しい海風が到達しなかったことも要因の一つです。

風が弱い日には、海面と陸面の温度差によって海陸風が吹きます。昼は海より陸の気温が上がるので、海から陸に向けて海風が、夜は逆に陸から海に向けて陸風が吹きます。日中は、東京湾から比較的冷涼な海風が沿岸部に吹きますが、内陸部までは到達できません。そのため海風による冷却効果が強く抑制され、この日、東京都心部のやや内陸側で平年差最大＋四℃の大きな昇温域が現れました。

二〇一三年八月に日最高気温が四一・〇℃となり、国内最高記録を更新した高知県四万十市江川崎は、都市化の影響が極めて小さなところです。ここは盆地の中にあります。盆地は平地に比べて空気の量が少ないので、暖まりやすく冷えやすいのです。二〇一三年の夏は、特に西日本を中心に、高気圧に覆われて晴れた日が続きました。それに加えて、山越えの西風が起こした局地的なフェーン現象によって昇温したと考えられます。

## 4 大雨、短時間強雨、特別警報

### 記録的な大雨の夏

次に、記録的な多雨となった二〇一四年の夏を振り返りましょう。

この年の台風と前線による大雨は、気象庁により「平成二六年八月豪雨」と命名されました。七月下旬から八月上旬には、台風第一二号が接近、台風第一一号が上陸しました。台風の周辺の風と高気圧縁辺の風の影響で、南からの暖かく湿った空気が継続して流れ込み、また八月上旬には、前線が西日本の日本海側から北日本にかけて停滞しました。前線は暖かい気団と冷たい気団が接しているところですが、梅雨期にはほとんど移動しない停滞前線となり、連続した雨となることが多く、また南海上から暖かく湿った空気が流れ込むときには、しばしば大雨となります。

七月三〇日から八月一一日までの総降水量は、高知県仁淀川町鳥形山で二〇五二・〇ミリメートル、徳島県上勝町福原旭で一五一四・〇ミリメートルとなるなど、四国地方を中心に一〇〇〇から二〇〇〇ミリメートルの大雨となったところがありました。

八月上旬の西日本は記録的な多雨・寡照でした。西日本の太平洋側の降水量は平年の六九二%、日照時間は平年の二七%と、一九六一年以降の第一位でしたし、西日本の日本海側の降水量も平年の四〇六%で第一位でした。

八月中旬にも前線が本州付近に停滞し、前線に向かって暖かく湿った空気が流れ込んだ影響で、西日本と東日本の広い範囲で大気の状態が非常に不安定となりました。このため、近畿地方、北陸地方、東海地方を中心に、局地的に雷を伴って非常に激しい雨が降りました。

八月の大雨は、日本列島の上に前線が停滞したことが主な原因です。普段ならば、太平洋高気圧が日本列島上を覆って晴天が続くのですが、二〇一四年の夏の太平洋高気圧は弱く、日本列島上には張り出しませんでした。

## 特別警報

災害をもたらすような大雨は毎年のように起こっています。

二〇一二年七月一二日、気象庁は「熊本県と大分県を中心に、これまでに経験したことのないような大雨になっています」という、「記録的な大雨に関する全般気象情報」を出しました(「平成二四年七月九州北部豪雨」)。このとき、熊本県内では、複数の観測点において、観測史上一位の降水量を更新する記録的な大雨となりました。

同年七月二八日には山口県と島根県に、八月九日には秋田県と岩手県に、八月二四日にはまたしても島根県に対して、同様の情報を出しました。

気象庁は、二〇一三年八月三〇日から新たに「特別警報」の発表を始めました。これは、従来の警報の発表基準をはるかに超える豪雨や大津波などが予想され、重大な災害の危険性が著しく高まっている場合に出され、最大限の警戒を呼びかけるものです。「大雨」では、数十年に一度の大雨となるおそれが大きいとき、「火山噴火」では、居住地域に影響が及ぶ噴石や火砕流のおそれが大きいとき、「津波」では、内陸まで影響が及ぶ大津波のおそれが大きいときに出されます。「暴風」「高潮」「波浪」「暴風雪」「大雪」の特別警報もあります。

たとえば、紀伊半島に甚大な被害をもたらし、一〇〇人近い死者・行方不明者を出した「平成二三年台風第一二号」の豪雨や、「平成二四年七月九州北部豪雨」、わが国の観測史上最高の潮位を記録し、五〇〇〇人以上の死者・行方不明者を出した「伊勢湾台風」の高潮（昭和三四年）、昭和三八年や昭和五六年の豪雪、東日本大震災における大津波などが、特別警報の基準に該当します。

最初の大雨に関する特別警報は、二〇一三年九月の台風第一八号時に、滋賀・京都・福井の三府県に対して、発表されました。その後も二〇一四年の台風第八号による暴風・波浪・高潮・大雨の特別警報が沖縄県に、台風第一一号の大雨で三重県に出されました。

特別警報はそれぞれの地域に対して発表されるので、五〇年に一回程度の大雨などではあっても、日本全国では年に何回も発表されることもあります。

なお、この「五〇年に一回程度の大雨」というときの降水量の基準は日本全国同じではありません。もともと南西日本の降水量は北日本と比べて多く、最大一時間降水量や最大日降水量の記録も異なっています。そのため、五〇年に一回程度の大雨という基準は、その地域ごとでのこれまでの降水観測記録にもとづいて算定されています。例えば、山口県萩市だと四八時間降水量で三九五ミリメートル、三時間降水量で一三二ミリメートルですが、秋田県鹿角市ではそれぞれ二五〇ミリメートル、八六ミリメートルとなっています。

なぜ従来の注警報に上乗せして、特別警報を出すようになったのでしょう。これまでにも警報を出し重大な災害への警戒を呼びかけてはいたものの、災害発生の危険性が著しく高いことを有効に伝える手段がなく、関係自治体による適時的確な避難勧告・指示の発令や、住民自らの迅速な避難行動に必ずしも結びつかなかった例があったため、災害に対する気象庁の危機感を伝えるために新たに特別警報を出すようにした、とのことです。ただし、警報で避難せず、特別警報を待ってから避難する、ということのないように、気象庁は注意を呼びかけています。特別警報が出るようなときには、避難にも支障をきたす恐れがあるからです。

特別警報は運用を始めて間もないため、警報の基準や出すときのタイミング、さまざまな注警報との関連、どのように住民の避難に結びつけるかなどについて検討が続いています。

## 記録的大雪と警報

雨ばかりではなく、雪でも異常気象が起こっています。

二〇一四年二月は、関東甲信で観測史上一位の記録的大雪となりました。二月一三日に発生した低気圧が、一六日にかけて発達しながら本州の南岸を北東へ進みました。これは関東甲信で大雪となる典型的な気圧配置なのです。南からの暖かく湿った空気が、北からの寒冷な空気により冷やされることで雪となり、最深積雪が、山梨県甲府市で一一四センチメートル、群馬県前橋市で七三センチメートル、埼玉県熊谷市で六二センチメートルを記録しました。関東甲信地方ではちょうどその一週間前にも大雪となっており、気象庁のある東京都心でも二月八日と一五日の二回にわたって、最深積雪がともに二七センチメートルとなり、一九六九年の三〇センチメートル以来の記録となりました（東京の最深積雪記録は一八八三年の四六センチメートルです）。

## 大雨が増えている

気象庁では、観測データが長期間継続して均質性の高い五一観測地点の降水量データを解析しています。図1-3は、それによる過去約一〇〇年間の日本の年総降水量の変化です。一九二〇年代半ばまでと一九五〇年代に多雨期が見られるものの、長期的な傾向の変化は見られません。「気候変動監視レポート二〇一三」（気象庁、二〇一四）では、一九七〇年代以降は年ごとの変動が大きくなっていると指摘しています。

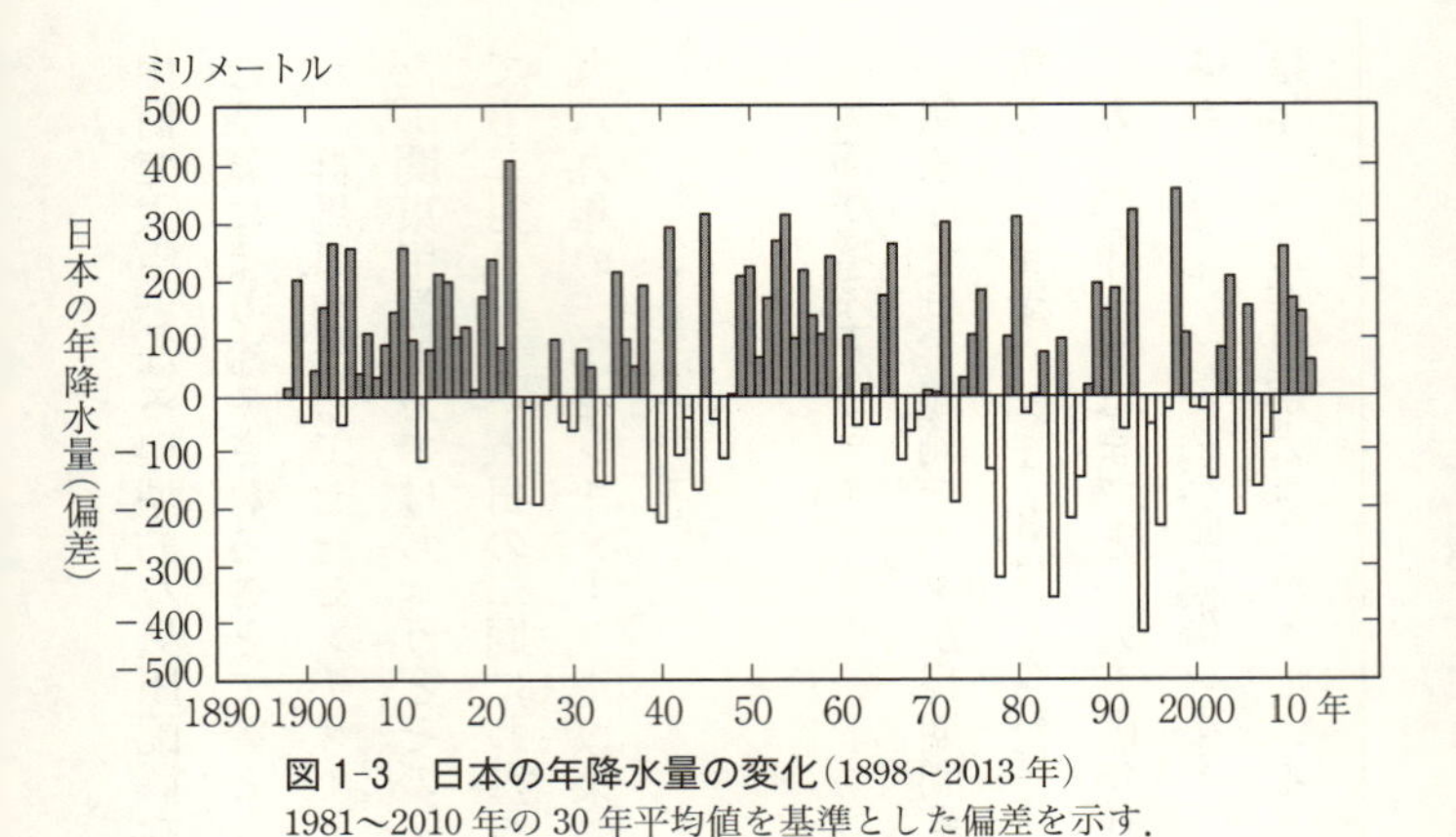


**図 1-3　日本の年降水量の変化**(1898〜2013 年)
1981〜2010 年の 30 年平均値を基準とした偏差を示す.

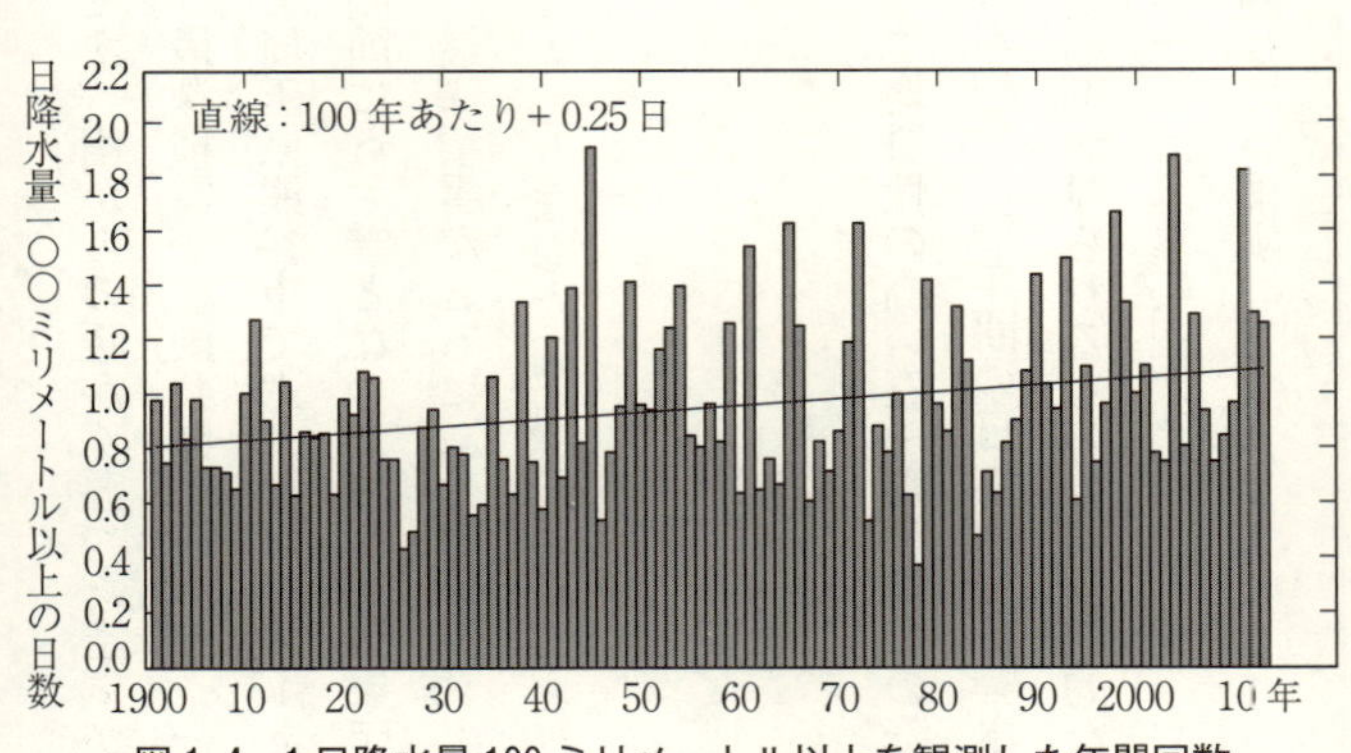


**図 1-4　1 日降水量 100 ミリメートル以上を観測した年間回数**
(1901〜2012 年)
1 観測地点あたりの日数で示す. 日本国内 51 地点の気象官署での観測にもとづく.

一方、大雨だけを取り出して調べると、長期的に増えています。図1-4は、一日に一〇〇ミリメートル以上降った日数です。一九〇一年から二〇一三年までの一一三年間、国内五一地点の気象官署のデータが使われています。一観測地点あたりの平均で示していますので、たとえば日数が「一・〇」であれば、全観測地点でのべ五一日観測していることになります。一日の降水量が一〇〇ミリメートル以上降った日数は、一〇〇年間で約二五％増えました。日降水量二〇〇ミリメートル以上の日数も増えており、一〇〇年間で約四〇％の増加となっています。

一方、降水日の数は減っています。一日一ミリメートル以上の降水があった日を降水日、それ以外は無降水日と呼んでいます。降水日数は二〇世紀初頭には約一二五日でしたが、二一世紀初頭には約一一五日と、一〇〇年間で一〇日減りました。

以上をまとめると、日本の年間総降水量には過去一〇〇年間の長期的な変化傾向はみられませんが、大雨が降る頻度は増加してきている、逆に弱い降水も含めた降水日数が減少し、無降水の日数は増加してきているということがわかってきました。

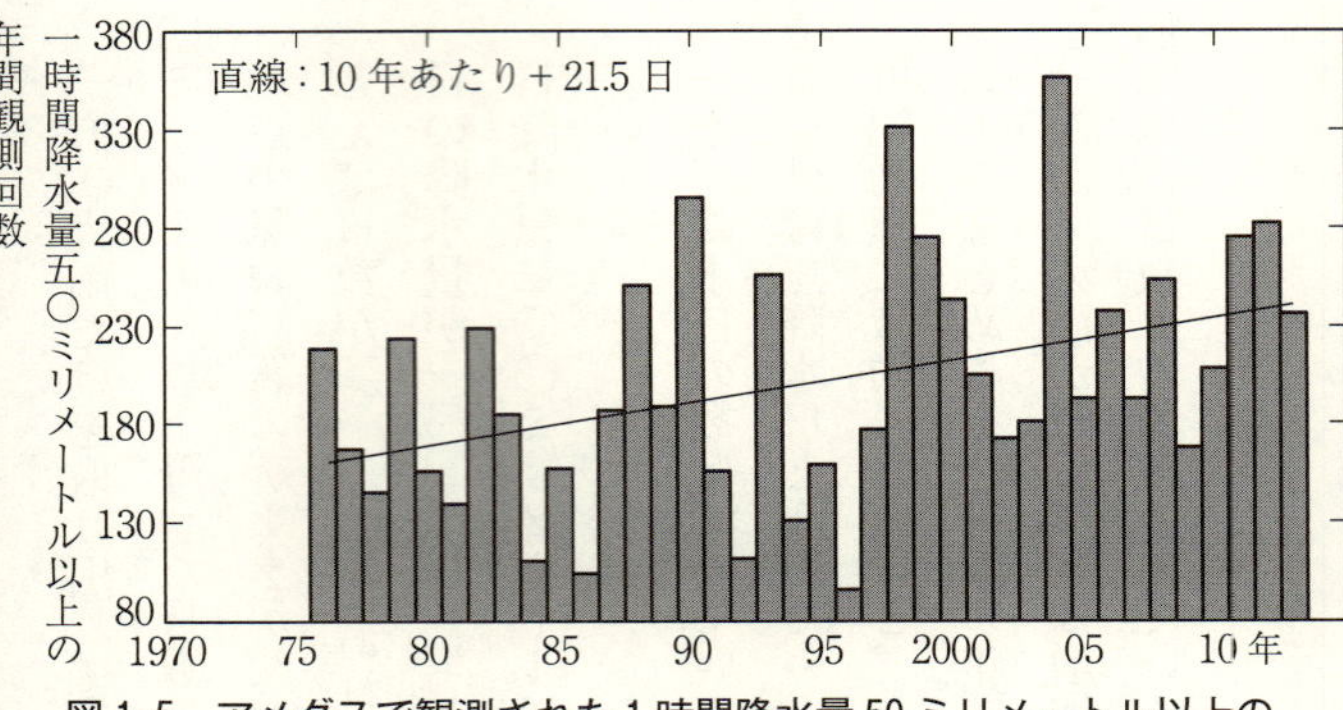


**図1-5　アメダスで観測された1時間降水量50ミリメートル以上の年間回数**(1976〜2013年)
1000地点あたりの回数で示す.

## 短時間の強雨

雨のもう一つの変化は、短時間の強雨の増加です。一九七〇年代後半以降に全国でアメダスの観測が始まりました。観測データを利用できる期間は三五年ほどと短いのですが、多くの観測地点があるため、面的に密なデータが得られ、局地的な大雨などを比較的よくとらえることができます。

図1-5は、アメダスで観測された短時間強雨の発生回数です。一時間降水量が五〇ミリメートル以上の降雨を数えています。観測点の数が全期間にわたって同じではないので、一〇〇〇地点あたりの回数として示しています。一九七六〜二〇一三年の間で、増加傾向が明瞭に現れています。平均して、一〇年あたり約一〇%の観測回数の増加です。今では、

およそ四地点に一回の割合で、年に一回、一時間降水量が五〇ミリメートル以上を記録する、という計算です。

## 温暖化との関係は?

以上のように、日本では気温が長期的に上昇しており、夏季には、熱中症などの健康被害に結びつく日最高気温三五℃以上の極端な高温が大幅に増加しています。また、年間の総降水量の増減は見られないものの、大雨や強雨は増えてきています。

そして、真夏日(日最高気温三〇℃以上)・猛暑日(日最高気温三五℃以上)や熱帯夜(日最低気温二五℃以上)が増加し、冬日(日最低気温〇℃未満)が減少しています。

この背景には、地球温暖化も影響しているのでしょうか? そもそも、図1-1や図1-2に示したような長期的な気温の上昇傾向は地球温暖化によるものでしょうか?

さらに、今後も二酸化炭素の排出が続くことで、極端な気象現象が増えるのでしょうか?

これらの疑問に答えるには、観測されている異常気象が自然の気候変動で説明できるか、それとも人間活動に起因する地球温暖化の影響なのかを区別しなければなりません。そこで

第2章と第3章で、そもそも気候はどう決まっているか、また自然の気候変動とはどのようなものかを見ていきましょう。

# 第2章　地球の気候はどう決まっているか

## 1　気候システム

### 気候の成り立ち

大気に包まれた地球を太陽が照らしています。地球の表層には海と陸があり、どちらにも雪や氷で覆われている部分があります。大気には酸素や窒素のほか、二酸化炭素や水蒸気なども含まれています。太陽エネルギーによって大気と海が循環し、各所で水、その他の物質のやりとりが行われています。そのやりとりの中では生物の存在も重要です。

地球の気候はこのような複雑な相互作用を含んだシステムであり、「気候システム」と呼ばれています(図2-1)。特に、地球表面の七割を占める海洋は、大気との間で海面を通して熱や水蒸気などを盛んに交換しており、海面水温や海流の変動は気候に大きな影響を及ぼします。

日々の天気が移り変わるように、気候も常に動いています。第1章で述べた平年値も、ど

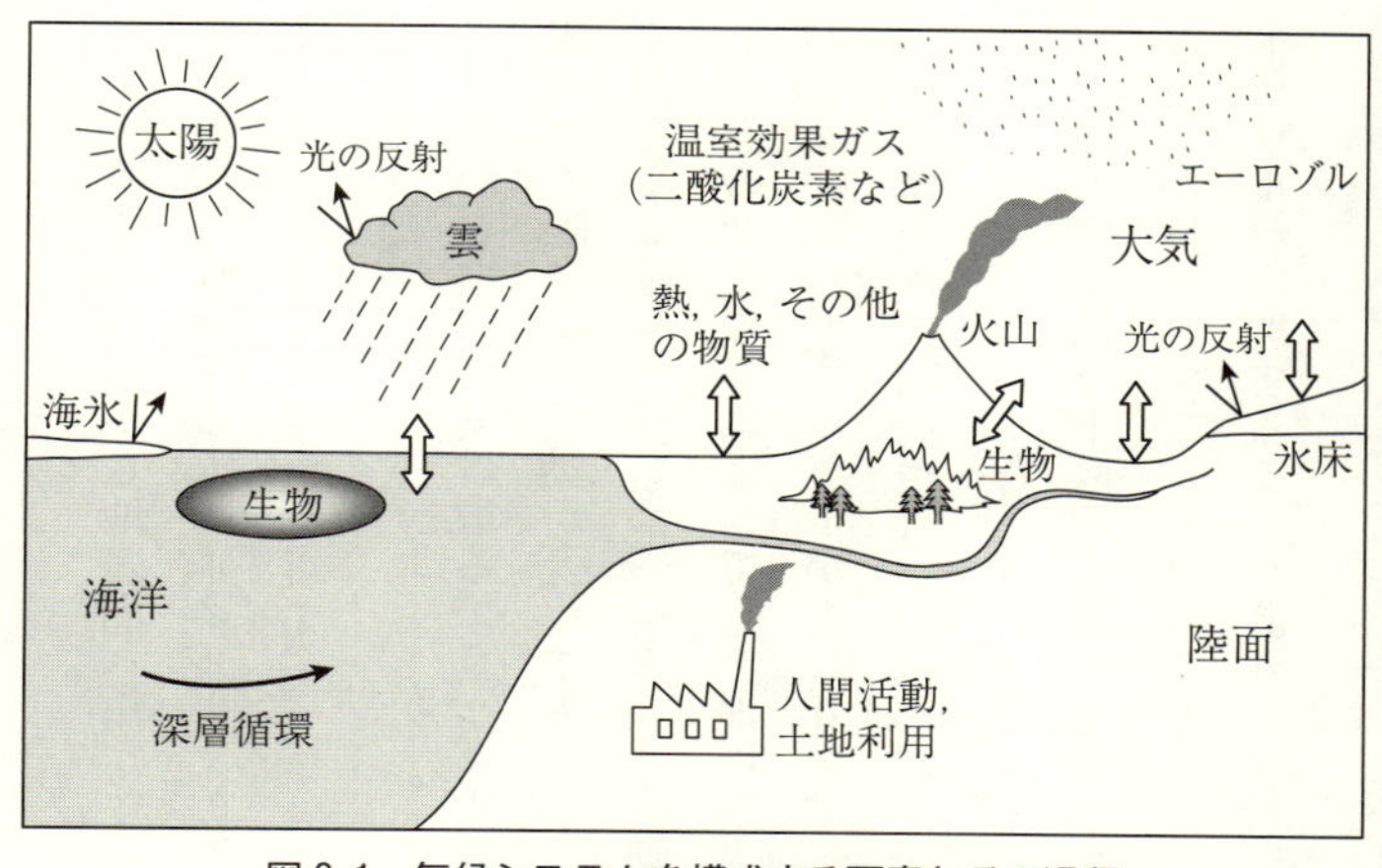


図 2-1　気候システムを構成する要素とその過程

の三〇年を取るかで変わります。気候のふるまいは、数年程度から数万年といった、注目する時間スケールによって、さまざまな様相を示します。「気候変動」というときは、どの時間スケールを問題にしているかがとても重要です。

## 気候を決める要素

気候変動には、気候システム内部の作用によるものと、気候システム外部からの作用によるものとがあります。第1章で少し触れたエルニーニョ現象は、内部要因による変動の代表的なものの一つです。そこで変動を引き起こしているのは、海と大気の相互作用です。

気候システムを駆動する力は太陽エネルギー

です。地球の内部から地表面へ出てくる熱エネルギー（地熱）もありますが、その量は地球大気の上端に到達する太陽エネルギーの四〇〇〇分の一にすぎず、また人間活動が出すエネルギーはそのさらに半分程度（太陽エネルギーの一万分の二）であり、本書の議論の範囲では無視できる大きさです。

太陽から地球が受け取るエネルギーは、長短の時間スケールで変動しています。一一年の周期で太陽自身の活動が変化するほか、数万年という時間スケールでは地球の公転軌道の変化（距離や地軸の傾きの変化）によって変動しています。そのほか、火山の噴火、大気組成や土地表面の変化などによっても、地球が太陽放射エネルギーを吸収する割合が変わり、したがって受け取るエネルギーが変わります。

大規模な火山噴火では、噴煙や火山ガスとして、成層圏に硫酸ガスなどのエーロゾル（液体や固体の微粒子）が放出されます。エーロゾルは大気中に数年の間留まり、太陽光を反射して、地上の気温を下げることがあります。一九九一年のフィリピンのピナツボ火山噴火のときなどが良い例です。森林火災や、工場や火力発電所などの人間活動によっても大気中のエーロゾルが増加することがあります。

森林破壊などによる植生の変化は、水の循環や地球表面の日射の反射量に影響を及ぼします。人間は、農業を発明して耕作地化を進めて以来、土地利用を通して地球の気候を改変してきたのです。一八世紀の工業化以降は、化石燃料を燃やすことが、他の要因を凌駕して気候の変化を引き起こしています。大気中に二酸化炭素を放出することによって温室効果を強め、地上気温を上昇させているのです。

これらのそれぞれの要素が地球の気候システムに出入りするエネルギーのバランスを変化させる影響力を持っていますので、その大きさを「放射強制力」といいます。人間活動による大気中二酸化炭素の増加は、気候に対する人為的な強制力といえます。

## 地球の温度はどう決まっているか

では、この気候システムにおいて、地球全体の温度はどのようにして決まっているのでしょうか。

それは、太陽から受け取るエネルギーの収支によります。エネルギーの収支とは、地球に太陽からどれだけのエネルギーがやってきて、そのうちのどれだけが宇宙空間へ反射され、差し引きどれだけを地球の気候システムが受け取っていて、そしてそこからどれだけエネルギーを宇宙空間へ放出するかです。

地球が宇宙空間へどれだけエネルギーを放出するかは、地球の温度によって決まります。入射する太陽放射と、「反射＋気候システムからの放射」が釣り合うところで地球の温度が決まることになります。もしこれらが釣り合わないと、入超であれば温度が上昇していき、出超であれば温度が下がっていって、いずれは釣り合うことになります。

太陽から地球大気の上端に到達するエネルギーは、一平方メートルあたり約一三七〇ワットです。夜の部分や斜めにあたる部分を考慮して全地球で平均すると、この四分の一の三四〇ワットとなります（以下では、特に断らない場合、全地球平均、一平方メートルあたりとします）。

地球に達した太陽エネルギーは、どのように巡っていくでしょうか。大気上端に達した太陽エネルギーの約三〇％の一〇〇ワット分が、宇宙空間に反射されています。この反射の約四分の三は、雲やエーロゾルによるもので、残りにあたる約四分の一が地球表面による反射です。特に、雪、氷、砂漠といった地球表面の明るい部分で反射される割合が大きく、森林や海ではあまり反射されません。植物は光合成を効率的に行うために、太陽エネルギーを反射せず利用するように進化してきたわけですね。

宇宙空間へ反射されなかったエネルギーは、地球表面と大気に吸収されることになります。この量は二四〇ワットです。ちなみにその三分の二が地球表面で、三分の一が大気で吸収されています。ですから地球表面で吸収されるエネルギーは約一六〇ワットとなります。

反射されるエネルギー（ここでは一〇〇ワット）と、もともと到達するエネルギー（ここでは三四〇ワット）の比（反射率）を、「惑星アルベド」といいます。ここでは約三〇パーセントです。惑星アルベドは、気候にとって重要な値です。雲やエーロゾルがたくさんあると反射率が大きくなり、地球で吸収されるエネルギーが減るため、地球は冷えることになります。またその逆も真です。過去十数年の衛星観測によると、この値に顕著な変化傾向はないと評価されています。ただし、より長期にわたる信頼できる観測はないため、長期的に変わりつつあるのかどうかはわかりません。

あらゆる物体（気体も含めて）は、常にその温度に応じたエネルギーを放射しています。高温のものほどより多くのエネルギーを放射します。太陽の表面温度は約六〇〇〇℃であり、その温度に応じた光というかたちでエネルギーを放出しており、そのごく一部が地球に届いているわけです。

地球は、宇宙空間からみると、三四〇ワットのエネルギーを受けて、一〇〇ワットを反射し、二四〇ワットをいったん吸収し、同量の二四〇ワットをふたたび放射していることになります。二四〇ワットを放射する物体の温度は、マイナス一八℃くらいでなければなりません。これは、実際の地球表面よりずっと低温です(世界平均地上気温はおよそプラス一五℃)。実は、マイナス一八℃となっているのは、地上約五キロメートルの大気なのです。宇宙空間から赤外線探知器で地球を見ると、地上約五キロメートルの大気が見えています。

## 温室効果

実際の地上気温がマイナス一八℃より高い理由は、大気中に温室効果ガスが存在するためです。

大気中に最も多く含まれる窒素と酸素は、温室効果に寄与しません。代表的な温室効果ガスは、水蒸気と二酸化炭素です。そのほかに、メタン、一酸化二窒素、オゾン、ハロカーボン類(いわゆるフロンガスなど)も温室効果ガスです。

温室効果の仕組みを簡単に説明しておきましょう。

温室効果ガスは、赤外線を吸収しやすいが、可視光線は吸収しにくいという性質があります。太陽によって暖められた陸や海などの地表面からは赤外線が放射されますが、その多くが、これら温室効果ガスで吸収されます。すると大気が暖まり、そこから赤外線が放射されます。大気からは上下左右の全方向に赤外線が放射されますから、ほぼ半分は地表へ向けて放射されることになります。このため、太陽から直接受け取るエネルギー（反射される残り）よりも多くのエネルギーを地球表面は受け取ることになり、温室効果ガスがない場合よりも地球表面は温度が上がります。これが温室効果です。

人間による気候システムへの介入以前から、自然界には温室効果ガスが存在していました。また、地球の長い歴史の中で、大気中の二酸化炭素の濃度は大きく変化してきました。人間は、農耕や牧畜のために森林を伐採し、工業化以降は化石燃料の燃焼によって、大気中に温室効果ガスを排出してきました。そのことにより、従来からある温室効果が強化され、地球の気候が温暖化しています。

工業化前の大気中二酸化炭素濃度は約二八〇ｐｐｍ（ｐｐｍは一〇〇万分の一を表す）とされ

ています。二〇一三年には、三九六ｐｐｍとなっており、約四〇％増加しました。この増加は化石燃料からの排出と正味の土地利用変化による二酸化炭素の排出によるものです。ここで、大気中に排出された二酸化炭素のすべてが大気中に残留しているわけではありません。排出されたうちの約三〇％が海洋に取り込まれ、約三〇％が自然の陸域生態系に蓄積しており、残りが大気中に蓄積することで、温室効果を強めているのです。

地球観測衛星による最近の観測では、地球が吸収しているエネルギーが一平方メートルあたり二四〇ワットなのに対し、地球が宇宙へ向けて放出しているエネルギーは二三九ワットとなっています。差し引き一ワットの入超です。つまり、地球全体の熱収支は、現在、平衡状態にはなく、地球は暖まりつつあるのです。その主原因は、大気中の二酸化炭素濃度が高くなり、温室効果を強めていることです。温室効果ガスが増えることは、宇宙へのエネルギー放出を妨げる効果があると言ってもいいでしょう。

### 気候システムを冷やす／暖める

温室効果の程度は、大気中の温室効果ガス濃度だけでなく、気候システムにあるさまざまなフィードバック機構にも依存します。

例えば、温室効果によって大気が暖まると、大気中の水蒸気の量が増加します。水蒸気自身も温室効果ガスなので、このことはさらに温室効果を強めることになります。これが正のフィードバック（自己強化）機構です。この水蒸気のフィードバックは、二酸化炭素の追加だけによる温室効果をおよそ倍増するほど大きいと見積もられています。

ただし、二酸化炭素は人間が直接、大気中へ放出しているのに対し、水蒸気の量は海面や陸面からの蒸発などを通じて気候システム内部の作用によって決まるという違いがあります。水蒸気は、農業のための灌漑や、発電所での冷却によっても人為的に放出されますが、それによる大気中の水蒸気量の増加は、無視できる程度です。そのため、水蒸気は最大の温室効果ガスであるにもかかわらず、人為的な寄与には含めません。（気候モデルを用いて将来の気候予測を行う際には、水蒸気量がどう変化するかといった効果をきちんと考慮しています。）

## 雲

気候システムを冷やしたり暖めたりしている重要な要素として、雲とエーロゾルがあります。

雲にはさまざまな形態があります。大きく分けて、ある高度で層状になっている雲（層状雲）と、入道雲（積乱雲）のような対流雲（大気の成層状態が不安定なときに強い上昇気流によって発生する雲）です。層状雲はその存在する高さによって、下層雲、中層雲、上層雲に分けられます。おおよそ高度二〇〇〇メートル以下にある雲を下層雲、六〇〇〇メートルより高いところの雲を上層雲と分類しています。間が中層雲です。積雲や積乱雲といった対流雲は、対流圏の下層から上層までの全体に貫入する雲です。

霧雨をもたらすのは層雲といって下層雲の一種で、低気圧や前線に伴って雨を降らす雲は乱層雲という中層雲に分類されます。それに対し、豪雨をもたらすのは積乱雲です。

雲は、水または氷の粒からできており、その「たね」となっているのは、空気中に浮かぶ塵などのエーロゾルです。雲の「たね」になるエーロゾルが多いと雲は発生しやすくなり、逆にエーロゾルが少ないクリーンな大気では、雲ができづらくなります。

雲が水からできているか氷からできているかは、温度と湿度によって決まります。〇℃以下でも水と氷が混じっていることが普通です。

雲は気候システムにとって決定的に重要な役割を担っています。先に述べたように、大気上端に達した太陽光線の約三〇％が宇宙空間に反射されていますが、その約四分の三が雲やエーロゾルによるものです。そのため、大気中にある雲の量(雲量)はいくらか、それは変化しているのか、といった問題は非常に重要です。雲量の小さな変化が気候システムに重大な影響をもたらし得ます。

地球の熱収支に関係する雲の観測は、上空の気象衛星から行われています。ただし衛星観測が始まったのは一九八〇年代からで、またいくつかの衛星や測器が順次更新されてきたこともあり、地球全体の雲がどのように変動しているかを判断するのは困難です。ＩＰＣＣ第五次評価報告書では、「世界規模の雲の変動と変化傾向の観測においてはかなりの曖昧さが残るため、依然として確信度は低い」としています。

雲は太陽光を反射して地球を冷やしているだけでなく、地表面からの赤外放射を吸収するため、地球を暖める役割も持っています。雲の型、位置、高さ、雲粒の大きさや形、寿命といった、雲に関わるおよそすべての属性の変化が、雲が地球を加熱、あるいは冷却する度合いを左右しています。それらの変化の中には、温暖化を促進するものも、抑制するものもあります。地球温暖化に対応してどのように雲が変化して、どのように気候に影響するのかは、難しい問題です。

気候システムのシミュレーションでは、雲の生成過程(および次に述べるエーロゾル)について、研究チームごとに物理的仮定を設定していて、腕の見せどころとなっています。

## エーロゾル

大気中には非常に小さな液体や固体の粒子状の物質が浮遊しており、地球の環境や気候に対して大きな影響を及ぼしています。これらの微小な粒子は、エーロゾルと呼ばれています(エアロゾルと書くこともあります)。エーロゾルは光を散乱したり吸収したりすることで、地球の熱収支に影響を及ぼします。また雲粒の「たね」としても作用するので、雲の性質を変化させることを通じても、気候に影響を与えています。

エーロゾルには、自然起源のものと人為起源のものがあります。自然起源としては、砂塵嵐による鉱物粒子の飛散、海面からの飛沫、火山噴火の噴煙、森林火災からの「すす(黒色炭素)」、植物の生命活動からの有機炭素などがあります。一方、人間が燃やす化石燃料からも硫酸塩や「すす」が放出されます。それぞれのエーロゾルは形も大きさも異なり、気候に対する影響も異なります。

大気中をただよっていたエーロゾルは、最後は重力で落下したり雨に取り込まれたりして地表に落ちてきます。その寿命は、対流圏では一日から二週間です。降水現象のない成層圏に入ったエーロゾルの寿命は長く、約一年以上もとどまっています。

地球の熱収支との関わりでは、エーロゾルは地球を冷やす効果と暖める効果の両方の役割を果たします。まずエーロゾルは太陽光を散乱することで一般に地球の反射率を高め、気候システムを冷やす効果があります。その一方で、ある種のエーロゾル(「すす」など)は光を吸収することでそれと逆の効果、すなわち気候システムを温暖化する傾向を持つものがあります。寒冷化と温暖化のバランスは、エーロゾルの特性と環境条件によって決まりますが、人為起源エーロゾルは全般的に地球を寒冷化する方向に働くと考えられています。

雲粒が生成されるときには「たね」になるものが必要です。エーロゾルはその役割を果たします。エーロゾルの粒子数が多いほど雲粒の数がより多く、雲粒の大きさはより小さくなる傾向です。同じ量の水が雲粒になるとき、ひとつひとつの雲粒が小さいと、多くの雲粒ができることになります。そうすると雲粒全体の表面積が大きくなります。そのため、形成された雲はより多くの太陽エネルギーを反射することになります。また小さい雲粒は軽いため、大きい雲粒に比べて重力で落下しづらくなり、結果的に雲の寿命が長くなる効果もあります。雲の量と特性に対するエーロゾルの全般的な影響を定量化することは難しい問題ですが、雲に対する人為起源エーロゾルの正味の効果は、光の散乱・吸収による効果と同様、気候システムを寒冷化させる効果があるようです。

大規模な火山噴火が起こり、成層圏にまで噴出物が達すると、一～二年の間エーロゾルが滞留し、太陽エネルギーの反射が劇的に大きくなって、地表の気温を下げることになります。一九九一年のピナツボ火山噴火の時には、地表気温は、夏の北半球中緯度で〇・三℃ほど、地球全体では〇・一～〇・二℃下がり、影響は噴火後二年間に及んだとされています。

今後は、世界各国の大気質を改善する政策のために、人為起源エーロゾル排出量が減少することが予想されます。そうなれば地球の表面に与える寒冷化効果が抑制されることになり、温暖化の加速につながるでしょう。

### 過去の気候変動

このような気候システムは、地球の誕生以来、大きく変動してきました。過去の気候をさまざまな証拠にもとづいて再現し、そのメカニズムを知ることは、現在進行中の温暖化を理解するための必須の研究分野です。そこにおいても、本節で述べた熱収支の議論が基本になっています。いくつかのエポックについては、スーパーコンピュータによる気候再現が行われています。それらの過去の気候変動については、第3章で述べます。

## 2　異常気象の発生

第1章で述べたように、異常気象は、まれとはいえ気候システムの正常なふるまいです。では、それはどのようにして起こるのでしょうか。異常気象にも、数時間程度の大雨や強風などの激しい気象や天気の異常から、数ヶ月も続く干ばつや極端な冷夏などの気候の異常があります。異常気象の発生には、熱帯の海面水温の変動や、日本周辺の上空で年中吹いている偏西風の蛇行など、さまざまな要因が関わっています。

## 日本の異常気象

第1章で紹介した日本の異常気象の例を見てみましょう。

二〇一四年八月には、西日本を中心に記録的な多雨と日照不足となりました(第1章4節)。この不順な天候をもたらした主な原因は、南から暖かく湿った空気が流入し続けたことです。太平洋高気圧が日本の南東海上で強く、日本付近では西への張り出しが弱く、湿った空気が日本へ入り込みやすい状態でした。また太平洋東部とインド洋東部では平年より海面水温が高く、対流活動が活発でした。この影響で、インドシナ半島から南シナ海、およびフィリピン付近では対流活動が不活発となり、海面気圧が平年より高くなりました。これが偏西風に影響し、日本の西側で偏西風が南に、東側では北に蛇行しました。このため、前線が日本の上空で停滞しやすくなり、不順な天候が持続しました。また、台風第一一号と台風第一二号も影響しました。

次に、二〇一三年の夏には、西日本で統計開始以来第一位の高温となるなど、日最高気温の記録更新もありました（第1章3節）。七月以降、太平洋高気圧とチベット高気圧が強まったことによって、西日本を中心に全国で暑夏となりました。西に強く張り出した太平洋高気圧の周縁を吹く、暖かく湿った空気が日本海側に流れ込み、たびたび大雨となりました。太平洋高気圧とチベット高気圧がともに優勢となった要因は、海面水温がインドネシア・フィリピン周辺で高く、中・東部太平洋赤道域で低くなったことにより、アジアモンスーンの活動が広い範囲で非常に活発となったこととみられています。二〇一四年の夏とは逆に、フィリピン付近で対流活動が活発で、太平洋高気圧は日本を広く覆っていました。

最後に、二〇一一年一二月後半から二〇一二年二月初めにかけての冬です。北日本から西日本にかけて低温となり、日本海側を中心に記録的な積雪となったところがありました。この年の冬は東アジアや中央アジアでも低温でした。この異常気象の要因は、シベリア高気圧の勢力が強く、冬型の気圧配置が強まったこと、また偏西風の蛇行にともなってしばしば北極から強い寒気が南下したことにあります。二〇一四年二月の大雪も同様で、偏西風が大きく蛇行し、北極域の冷たい空気が日本付近まで下りてきたためです。

## 異常気象を起こすプレイヤー

このように、日本の異常気象を発生させる要因としては、熱帯の海面水温、積雲対流活動、太平洋高気圧、上空の偏西風、北極からの寒気の流入、などの変動がよく挙げられてきます。これらはいずれも、異常気象のときだけに現れるのではなく、常に日本の気象を形作っているプレイヤーたちです。

異常気象に関係する変動現象として、エルニーニョ現象、ブロッキング、北極振動を紹介しましょう。

### エルニーニョ現象

熱帯海面水温の最大の変動は、エルニーニョ現象(正確には「エルニーニョ・南方振動」)です。エルニーニョ現象とは、太平洋赤道域の中央部(日付変更線付近)から南米のペルー沿岸にかけての広い海域で、海面水温が平年に比べて高くなり、その状態が半年から一年半程度続く現象です。ラニーニャ現象はその逆の現象をいいます。一九九七年から一九九八年にかけての冬に起こったエルニーニョ現象時には、熱帯東部太平洋の海面水温が平年に比べて三℃以上も高くなりました。

これらは大気の変動とも密接に関連していて、エルニーニョ(ラニーニャ)現象時には、太平洋赤道域の海面付近の東風である貿易風は平年に比べて弱く(強く)なります。また、平常時にはインドネシア近海で活発な対流活動が、エルニーニョ現象時には太平洋赤道域の中部へ移動し、逆にラニーニャ現象時にはインドネシア近海での対流活動がいっそう活発になります。エルニーニョ(ラニーニャ)現象時には、インドネシア付近の海面気圧は高く(低く)、東太平洋では低く(高く)なっており、この気圧分布を南方振動といいます。

以上の大気と海洋の変動を合わせてエルニーニョ・南方振動と呼びます。ただし振動とはいっても厳密な周期性はなく、二年から七年といった幅広い間隔で起こっています。

海面付近の東西風の強弱によって、熱帯太平洋の海面水位も変動します。一九九七〜一九九八年に起こったエルニーニョ現象時には、東側の海面水位が平年より二〇〜三〇センチメートルも高く、逆に西側では一〇センチメートル以上低くなりました。

エルニーニョ現象が発生すると、熱帯大気の東西循環が弱まるだけでなく、降水の位置が変わるため、それに対応して中高緯度でも大気の循環パターンに特徴的な変化が起こります。

日本の夏の天候は、北日本、東日本、および西日本で気温が低く、北日本太平洋側と西日本日本海側で降水量が多くなる傾向があります。冬は、東日本、西日本、および沖縄・奄美で気温が高く、北日本と東日本日本海側で降水量が少ない傾向があります。

## ブロッキング

雲ができて雨や雪が降るといった気象現象が起こるのは、地面から上空十数キロメートルまでの対流圏です。対流圏中の気温は、太陽エネルギーが頭上から届く低緯度で暖かく、斜めから届く極側で冷たくなっています。この南北方向の温度差により、地球スケールの大気の循環が駆動されています。

この南北温度差に対応して、日本など中緯度の上空では、西風が吹いています。この西風は一年中吹いているため、偏西風と呼びます。偏西風は高度が上がるとともに強くなり、対流圏と成層圏の境目(対流圏界面。高度は高緯度で約八キロメートル、低緯度で約一六キロメートル)付近で風速が最大となります。特に冬季の日本の上空では風速が速く、毎秒一〇〇メートルにもなり、ジェット気流とも呼ばれます。航空機で日本とアメリカの間の所要時間が往路と復路で一時間半ほど違うのは、このジェット気流のためです。

　偏西風は、同じ季節、同じ月でも、時とともにゆらぐ性質があり、また南北に蛇行する性質があります。偏西風が南北に蛇行することで、低緯度側の熱を極側へ運び、南北方向の温度差が大きくなりすぎないように調節されています。

　偏西風が南に蛇行しているところは周囲に比べて気圧が低く、低気圧になっており、また北に蛇行しているところは高気圧になっています。それらが西から東へ流れています。したがって、ある地点では、低気圧と高気圧が交互にやってくることになります。ところが何らかの強制が働き、低気圧や高気圧が西から東へ流れていかなくなることがあります。これがブロッキングです。そうなると、高気圧が居座った場所では毎日晴天が続いて高温現象が起きたり、低気圧が居座ったところで雨が降り続くといった異常気象が起こります。

　ブロッキングが起こりやすい場所は、北大西洋上と北太平洋上の二ヶ所にあります。夏季に大西洋上でブロッキングが起こると、ヨーロッパに高気圧が居座り、晴天が続いて雨が降らなくなり、土壌も乾いて熱波をもたらします。二〇〇三年のヨーロッパ熱波や、二〇一〇年のロシア熱波はブロッキングが関係していました。

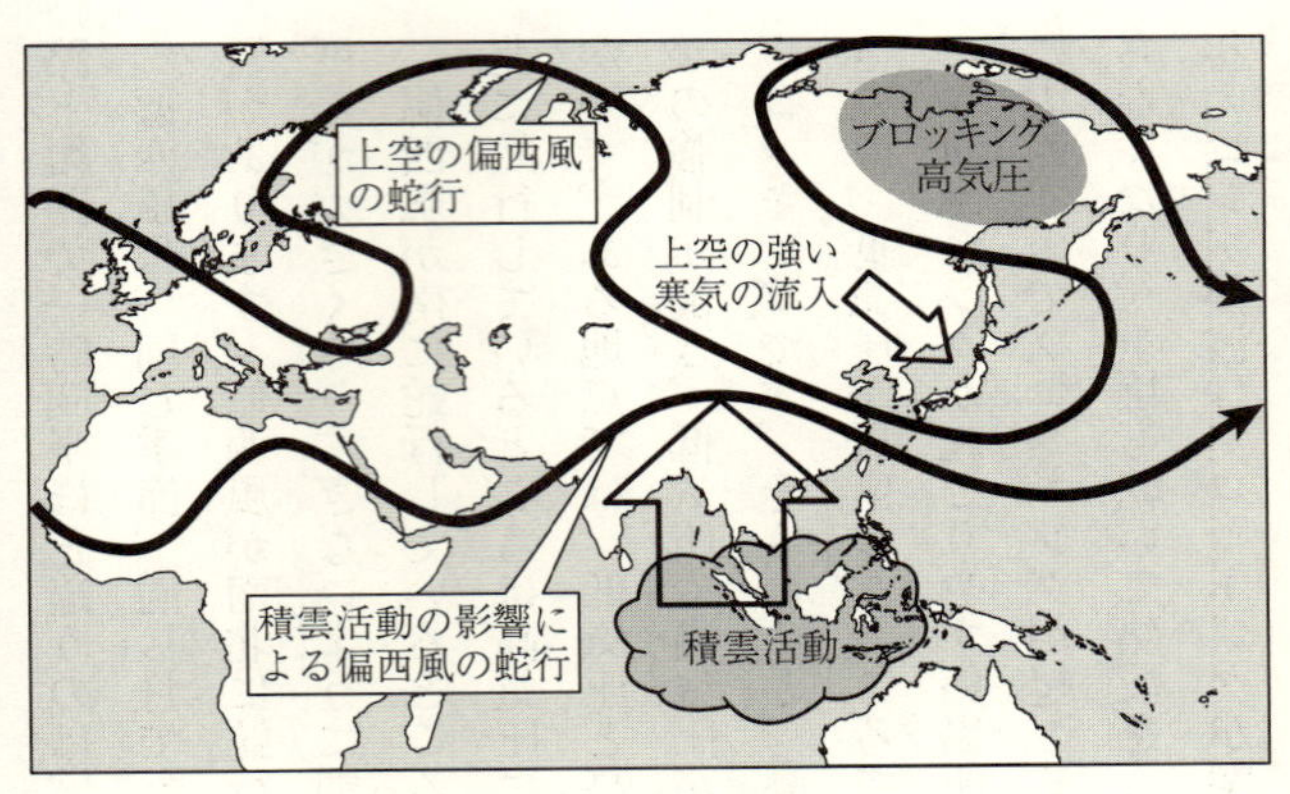


**図 2-2　ブロッキング**
2012 年 1 月下旬から 2 月初めに寒気のピークを迎えた際の例.（同年 2 月 3 日の気象庁の報道発表資料にもとづく.）

また太平洋上のブロッキングは、アメリカ西岸に高気圧を、アメリカ東部に低気圧を持続させることになります。冬季ですとカリフォルニアを中心に高気圧が居座り、晴天が続いて雨が降らなくなって干ばつとなります。このとき、アメリカ東部では大雪が降り続くことになります。

二〇一二年の一月から二月の日本付近の例を図2-2に示します。このとき日本は顕著な低温となり、日本海側を中心に記録的な積雪となりました。この期間は、シベリア高気圧の勢力が強く、冬型の気圧配置が強まったわけですが、特に一月下旬から二月初めにかけては、シベリア北東部でブロッキング高気圧が居座り、その南西側ではシベリアからの強い寒気が日本に流入しました。

## 北極振動

冬の北からの寒気の流入に関係するのが、北極振動です。これは北半球において最も顕著に現れる海面気圧の変動現象で、北極とその周りの中緯度で、正負が逆になる環状のパターンを示します。例えば、北極で海面気圧偏差が負偏差、中緯度で正偏差のときは、寒気が北極に蓄積されており、ヨーロッパからユーラシア大陸上、極東まで地上気温は高い状態となります。このときは北日本を中心に暖冬となる傾向があることを示しています。北極振動の位相が逆になると、日本など中緯度に、北極の寒気がしばしば南下して、寒冬になります。

日本は、エルニーニョ現象と北極振動の両方の影響を受けています。エルニーニョ現象の影響を受ける北限に近く、北極振動の影響を受ける南限に近いのです。

異常気象は、熱帯の海面水温や偏西風の蛇行などさまざまな要因が関わって、気候システムの自然なゆらぎとして起こるものです。異常気象が起こるのは、気候システムにとっては正常なのです。問題はその頻度です。この自然なゆらぎに地球温暖化が重なって、異常気象の程度や頻度が変わってきています。異常気象を起こすプレイヤーたちが地球温暖化でどう変わるのか、それについては第5章で述べます。

# 第3章　気候変動の過去と現在

地球の誕生以来、気候の実態がどうだったのか、その変動のメカニズムは何だったかなど、古気候の研究は大きな学問分野です。温故知新というように、過去の気候を知ることは、現在の気候とその変動要因を知り、さらには将来の気候変動を予測する際の根拠を与えてくれます。二〇世紀の気温上昇が人為起源だという証左が得られています。また、温暖化が異常気象の発生確率をどれだけ増しているかも見積られています。

## 1　気候の温故知新——古気候学

「古気候」とは一般に、温度計や雨量計などの気象測器で直接測れないほど昔の気候を言います。第1章で示した世界の気温変化の図は一九世紀末からの記録です。気象測器による記録は一〇〇年ほどしかないのです。

### どのように過去の気候を推定するか

気象測器の記録がない過去の気候を調べるわけですから、何らかの測器の代わりになるデータが必要になります。これを代替指標データといいます。古気候研究で使われている代替指標データには、樹木の年輪、花粉化石、サンゴ、洞窟内の石筍（せきじゅん）や氷筍（ひょうじゅん）、湖沼堆積物、海底堆積物、氷床下の氷などがあります。

多く使われる手法は、同位体を用いた分析です。同位体とは、同じ化学的性質を持ちながら、重さが異なる原子のことです。ほとんど（九九％以上）の酸素は原子量が一六（酸素一六という）ですが、酸素一七と酸素一八も微量にあります。水の分子は、酸素原子一つと水素原子二つからなります。水素の原子量は一ですから、分子量一八（＝一六＋一＋一）の軽い水と分子量二〇（＝一八＋一＋一）の重い水があるわけです（説明の簡単化のために、酸素一七と水素の同位体は無視しています）。

海から水が蒸発するときには、軽い水の方が蒸発しやすいので、雨や雪の水と海水の酸素の同位体組成は異なってきます（海水より雨水の方が酸素一六の割合が多い）。寒い気候のときには、大陸内部に雪が降り積もり、大陸氷床として成長していきます。そうすると軽い酸素を含む水が大陸にたまり、逆に海水には重い酸素を含む水の割合が増えていきます。つまり、過去の海水の酸素同位体を測れば、そのときに大陸氷床がどれだけ成長していたか、ひいては温度の指標となる、というわけです。

有孔虫という生物は、炭酸カルシウム($CaCO_3$)でできた殻をもっています。海底堆積物に含まれている有孔虫の死骸から、酸素同位体比を測ることで、その生物が生きていた時代の海水の温度がわかります。

もちろん、それがいつの時代のものかという「年代同定」も必要です。これについてもさまざまな研究が進められています。

氷床コア

南極やグリーンランドには、数十万年もの間の降雪が氷床となって保存されています。そこから掘り出した氷の柱を氷床コアといいます。氷床コアの中に含まれている気泡を分析することによって、過去数十万年の寒暖の度合いや、二酸化炭素濃度などの大気組成がわかります。また氷床コアには火山灰や塵も入っており、火山活動や砂漠が広がっていたかどうかが推定できます。日本の南極観測隊は、南極氷床の最高部にあるドームふじ基地(標高三八一〇メートル）で、およそ七〇万年前までの氷床コアを掘削しています。

### 時間と空間のスケール

古気候の実態とその変動要因を考えるにあたって、重要なことは、現象の空間スケールと時間スケールです。

代替指標には、サンプルが採られた地点のみの気候記録を代替しているものもあり、ある程度の地域的な広がりをもった空間的代表性のあるものもあります。

大気中の二酸化炭素はかなりよく混合しているので、ある場所で得られた二酸化炭素濃度の変動は世界全体での変動を表していると言えます。一方で、花粉やサンゴから得たデータは、その地域の気温や水温を代表するものであり、世界全体を代表してはいません。そのかわり、いろいろな場所で得られたデータは、その当時の気温の空間分布の情報を与えてくれます。

また、その記録がいつの時代のものかを判定するときに、どの程度の時間的代表性があるのかも問題となります。古気候学者は、多くの代替記録を集めることで、ある時代の北半球高緯度の気温が現在に比べて何℃低かったか、あるいは高かったかなどを統合する試みを続けています。

第2章で述べたように、地球の気候を決定する要因は基本的には次の三つです。

（1）入射する太陽放射（地球の軌道や太陽自身の変化など）
（2）太陽放射の反射率（雲量、エーロゾル、植生の変化など）
（3）地球から宇宙空間へ戻る長波放射（温室効果ガス濃度の変化など）

（1）が数万〜一〇万年という時間で変化するのに比べ、大気の成分やエーロゾルなどは一年でも変化します。また深層を含めた海全体の温度が変化するのは数百年以上という時間スケールです。

## 時間スケールとメカニズム

数十万年かけて起こる気候変動と、数ヶ月から数年の時間スケールで起こる異常気象とはそのメカニズムは異なります。ときには、原因と結果の因果関係が逆になることもあります。例えば、数万年スケールでは、温暖化すると、永久凍土が解けてメタンが放出されることや、海水の二酸化炭素溶解度が低下し、大気中に二酸化炭素が放出されることがあるでしょう。つまり、温暖化が温室効果ガスの増加をもたらすわけです。一方で、短い時間スケールでは、人間活動による温室効果ガスの増加が温暖化をもたらしています。

現在進行中の地球温暖化に関しても、大気や海、陸面で起こっている現象それぞれの時間スケールと因果関係を慎重に見きわめる必要があります。

いくつかの過去のエポックについては、統合的に古気候代替指標データが収集され、将来気候の定量的予測に用いられているのと同様な気候モデルによる古気候シミュレーションが行われています。それによって過去の気候変動のメカニズムを調べるとともに、データとモデルの比較を通して、将来予測に用いる気候モデルの評価や検証も行われています。

## 今は氷河時代のまっただなか

現生人類の歴史は約二〇万年といわれています。この間に、地球の気候は「氷期」と「間氷期」の交代を繰り返してきました。氷期は、特にヨーロッパや北アメリカで大陸氷床が発達し、広い範囲を覆っていた時代です。

地球上に氷床が存在する時期を「氷河時代」といいます。現在は南極大陸とグリーンランドに氷床が存在していますから、氷河時代に分類されます。

氷河時代の中でも、特に寒く、氷床が大きく発達した時期を「氷期」といいます。現在のように、南極大陸とグリーンランドといった限られた地域にのみ氷床が見られる時期が、「間氷期」です。したがって、現在は、氷河時代の中の間氷期というわけです。最後の氷期は二万年前ごろに最盛期を迎え、一万年前ごろに終了しました。

## 大陸移動

現在の氷河時代は、四三〇〇万年ほど前に始まりました。それ以前の二億年ほどは、地球は温暖で氷床は消えていたと考えられています。氷河時代は地球の歴史上何度か存在していて、古くは原生代初期の約二四億五〇〇〇万年前から二二億二〇〇〇万年前ごろまで、次が原生代末期の約七億三〇〇〇万年前から六億四〇〇〇万年前ごろまで、そして古生代ではオルドビス紀後期の約四億六〇〇〇万年前前後と石炭紀後期の約三億年前前後にありました。新生代に入って、約四三〇〇万年前から現在まで続いているのが現在の氷河時代です。

この間、大陸配置が大きく変わるとともに、大気中の二酸化炭素濃度や大陸氷床の大きさも変動してきました。太古の超大陸パンゲアが存在していたのはちょうど石炭紀の氷河時代のころでした。現在の六大陸(ユーラシア、アフリカ、南北アメリカ、オーストラリア、南極)は、パンゲア大陸が分裂して今の配置に至っています。さらに、パンゲア以前にも大陸の離合集散があったと考えられています。もちろん、大陸移動は現在でも続いています。大陸配置は気候システムの重要な外部条件でもあります。

## 過去の二酸化炭素濃度

氷河時代と氷河時代の間には、大気中の二酸化炭素濃度が現在の一〇倍にもなっていた時代もありました。その温室効果のため、世界平均気温が現在より数℃以上温暖な時代は、地球の歴史上は珍しいことではありません。しかし、世界平均地上気温でプラス数℃といった温暖な気候は、人類は経験していません。今後の二酸化炭素の排出シナリオによりますが、このような温暖化が今世紀中というきわめて短期間に急激に起こる可能性があると予測されているのです。

何が氷河時代とそうでない時代を決めているかには、いくつもの要因が考えられます。大陸配置は重要な要因の一つです。現在の南極大陸のように、相対的に気温の低い極付近に大陸があると、そこに氷床が発達しやすくなるので、氷河時代をもたらす要因の一つと考えられています。

最近の六五〇〇万年間（すなわち新生代の間）、比較的気温の高い時代は大気中の二酸化炭素濃度の高い時代とほぼ一致していることがわかっています。二酸化炭素濃度は、中生代から新生代のはじめごろまで一〇〇〇ｐｐｍほどでしたが、新生代に入って徐々に下がってきます。南極氷床が現れ拡大し始めたのは三四〇〇万年前ですが、その時期は二酸化炭素濃度が一〇〇〇ｐｐｍを大きく下回った時期と一致しています。グリーンランド氷床は、二酸化炭素濃度がさらに下がり、四〇〇ｐｐｍと三〇〇ｐｐｍの間だった三〇〇万年前に出現しています。その後の過去二〇〇万年間は、人類による工業化が始まるまで、三〇〇ｐｐｍを超えることがありませんでした。

## 古気候シミュレーション

約五〇〇〇万年前（始新世前期）と約三五〇万年前（鮮新世中期）の二つの時代では、収集された古気候代替指標データが統合化され、気候モデルによるシミュレーション結果との比較がなされています。

鮮新世中期の二酸化炭素濃度は四〇〇ｐｐｍほどで、代替指標から、海面水温は今より一・七℃高かったと推定されています。この状態は、気候モデルでも再現できているようです。

以上のことから、氷河時代とそうでない時代を分けている大きな原因は、大陸配置と大気中二酸化炭素濃度と考えられます。大陸移動はマントル対流によってもたらされ、大気中二酸化炭素濃度の変動は火山活動に関係しているという考えがあります。いずれも数千万年という時間スケールの変動現象です。

## 海面水位

海面水位の推定は、世界各地の地質記録をもとになされています。鮮新世中期には約二〇メートル分、海面が今より高かったという報告があります。

海面水位を再現するには、氷床の消長の地質記録から、海への正味の水の移動分を推定します。ただし、水の移動の推定だけでは不十分で、アイソスタシーを通じた地盤の変化を計算する必要があります(詳しくは後の氷期・間氷期サイクルの項で説明します)。この氷床によるアイソスタシー調節には、何千年という時間がかかります。

二万年前の最終氷期最盛期以降に解けた氷床の影響で、北ヨーロッパや北アメリカの地盤は、余分な荷重がなくなったことで徐々に上昇しました。そこから遠く離れた場所では、逆に地盤が下降したので、見かけ上は海面が上がったことになります。世界各地の地質記録から海面変化を求めるには、このようなことが考慮されているのです。

## 2　氷期・間氷期サイクルの仕組み

### 氷期と間氷期

約三〇〇万年前に北半球に氷床が形成され始めて以降、気候変動の振幅が大きくなるとともに、明瞭な周期成分が見られるようになってきました。特に、最近約一〇〇万年間に顕著なのが、約一〇万年の周期で繰り返されている氷期・間氷期サイクルです。

間氷期と比べると、氷期には大気中二酸化炭素濃度が一〇〇ｐｐｍ低下していました。このことは、氷床コアに含まれる過去の空気の成分の分析からわかっています。氷期には、海面水位に換算して約一三〇メートルに及ぶ大氷床が、大陸上に広がっていました。また世界各地の気候代替指標データも大きく変化しており、極地の気温、海面や深海の水温、海洋深層循環など、世界の気候が大きく変動したことがわかります。

## ミランコビッチ・サイクル

氷期・間氷期サイクルの根本要因は、北半球の夏の日射変動と考えられています。これは一九四一年にセルビア生まれの数学者・地球物理学者M・ミランコビッチが提唱し、一九七〇年代後半に深海底堆積物の分析によって復活した理論です。

ミランコビッチは、氷河氷床の成長・融解には、融解に効く夏の日射が重要と考えました。冬の気温は降雪量に多少は関係するでしょうが、氷床が何年も生き延びるには、最も気温の高くなる夏に解けきってしまわないことが必要だからです。

彼の計算によると、地球上の各緯度・各季節において、大気上端に入射する日射は周期的に変動します。その変動は、地球の三つの軌道要素で決まっています。すなわち、(1)地球公転軌道の離心率(一〇万年周期)、(2)自転軸の首振り運動(約二万年周期の歳差運動)による季節ごとの太陽からの距離(公転軌道上の各季節の地球の位置)、(3)自転軸の傾き(約四万年周期)です。これらの周期をミランコビッチ・サイクルといいます。それぞれ見ていきましょう。

まず、地球は太陽の周りを公転していますが、その軌道は円ではなく、楕円です。この楕円の形は一定ではありません。円に近い楕円と、少し平べったい楕円の間を、約一〇万年の周期で変動しています。楕円の平べったさを表すのが離心率です。離心率が大きいほど、地球が受け取る太陽エネルギーの季節変化が大きくなります。離心率の変動による、地球全体で一年に受け取る太陽エネルギーの量の変動は、〇・一％程度です。

次に自転軸です。地球の公転軌道が楕円であるため、太陽との距離が最も近い位置（近日点）にくるときと、最も遠い位置（遠日点）にくるときが、一年に一回ずつあります。現在の近日点は一月上旬で、冬至に近く、逆に遠日点は夏至に近くなっています。そのため北半球では、冬に太陽に近く、夏に遠くなることになります。こうして今は、夏と冬の地上気温差が比較的小さい時期に当たります。近日点のときと遠日点のときの地球と太陽の距離の比は、一：一・〇三五です。地球で単位面積あたりに受ける太陽エネルギーは、太陽との距離の二乗に反比例しますから、近日点では遠日点に比べて約七％、太陽エネルギーを多く受け取っていることになります。

近日点と冬至や夏至との位置関係は、一定ではありません。地球の自転軸はじっとしておらず、少し傾いたコマのような首振り運動をしています。その周期は約二万年です。約九〇〇〇年前には、近日点と夏至が近くなっており、北半球の夏は今より暑く、冬は今より寒いという、季節変化が大きかったことになります。一年間に太陽から受け取る日射量はほとんど変わらないのですが、季節別に受け取る日射量は大きく変化します。

そもそも地球上の気候に季節があるのは、地球の自転軸が公転軸から傾いているからです。自転軸と公転軸の方向が一致していれば、常に太陽は赤道の上に位置します。自転軸が公転軸から二三・四度傾いているために、太陽は一年の間に北緯二三・四度の北回帰線と南緯二三・四度の南回帰線の間を行き来しています。

この自転軸の傾きは、二二・一度と二四・五度の間を、約四万年の周期で変化しています。自転軸の傾きが大きくなると、夏はより暑く、冬はより寒くなります。

## 急激な氷期の終わり

氷期・間氷期サイクルの特徴となる周期は一〇万年ですが、三角関数のサインカーブのように氷床の拡大と縮小が対称的に起こっているわけではありません。間氷期から氷期に向けて氷床が成長するときは長い時間がかかり、氷期が終わり間氷期を迎えるときは急激に起こる、というようにノコギリの歯状の拡大縮小をしています。元来の変動要因である日射はサインカーブのように変化することを考えると、これは不思議です。

さらに、日射強度そのものの大きさを調べてみると、約二万年と四万年の変動周期が主に見られるものの、一〇万年周期は顕著には見られないことがわかりました。一〇万年周期を示す、地球公転軌道の離心率の変動の影響は、大きくないのです。

そのため、二万年あるいは四万年周期の日射変動が、気候システム内の要素に作用し、これらの要素間で相互作用が働いた結果、一〇万年という周期が現れていると考えられます。

東京大学大気海洋研究所の阿部彩子准教授らの最近の研究によって、氷期・間氷期サイクルは、北半球の夏の日射変化に対して、大気・氷床・地殻が相互作用することでもたらされたことがわかりました。次にこの研究を紹介します。

## アイソスタシー効果

地殻はマントルより軽いので、地殻はマントルの上に浮いている状態にあります。地殻の荷重と地殻に働く浮力がつりあっているとする説をアイソスタシーといいます。

地球の近日点の位置は、約二万年の周期で変動しており、北アメリカ大陸ではその周期に合わせて氷床が増減します。近日点が冬にあり、遠日点が夏にある時期には、夏に雪氷が解けにくくなるため越年しやすくなり、氷床が増えるのです。

一方で、一〇万年周期で変動する離心率は、日射の最大強度を決定します。離心率が小さくなる（楕円が円に近くなる）と、夏の日射が弱くなり、氷床が成長します。離心率が最小に近づくにつれ、氷床の成長は加速します。

氷があると、氷がない土地より日射の反射率が大きくなります。氷床が広がると、日射をより多く反射するようになり（日射をあまり吸収しなくなり）、気温が下がることで、氷床の成長が加速します。氷床が成長すると、高度も高くなるので、その効果でも気温は下がります（山の上は平地より気温が下がります）。

こうして、氷床はやがて極大に達します。

この間、氷床の重みで地殻は徐々に沈下し、マントルを押し下げます。つまりアイソスタシー効果は、高度上昇による気温低下効果を弱める働きがあります。ただしアイソスタシー効果が働く時間スケールは長く、数千年かかります。

さて、ここで離心率が再び増え始めると、夏の日射が強まり、氷床の後退が始まります。

すると日射の反射が減り(日射の吸収が増え)、地盤低下で高度が低くなっていた氷床は解けやすくなります。氷床が軽くなるので、先ほどとは逆向きのアイソスタシー効果で地殻は復元してくる(上がっていく)わけですが、この復元速度も緩慢ですので、低下していた氷床表面高度はすぐには戻りません。そのため、融解が一気に進んで氷期が終了してしまいます。

このように、地球軌道要素の変動がきっかけになり、大気・氷床・地殻の相互作用が働くことで、一〇万年周期の氷期・間氷期サイクルは、間氷期から氷期のピークまでに九割以上の時間をかけ、氷期から間氷期へは急激に戻る、「ノコギリ型」を示すのです。

## 気候最適期

現在は近日点が北半球の冬にあることを先に述べましたが、現在から一万～五〇〇〇年前の完新世中期には、近日点に北半球の夏季がくる時期にあたり、現在と比べると北半球の夏季に日射量がより多く、冬季により少なくなっていました。そのため北半球の夏がより暖かく、冬がより寒くなり、季節変化の振幅が大きくなっていました。

最終氷期を脱して、北アメリカやヨーロッパの大陸氷床が解けてほぼ無くなっていたこのころの北半球では、夏に強い日射を受け、陸域の温度が現在よりも約〇・五〜二℃程度高くなっていました。高緯度の夏季の気候が現在よりも温暖であったことから、気候最適期とも呼ばれています。

一方、海は温度変化が小さく、陸が多い北半球と海が多い南半球との間の温度差が大きくなることで、アジアからアフリカに夏にみられる雨季(モンスーン)は活発でした。

実際、インド北西部からチベット高原南西部にかけて、現在より温暖湿潤な夏だったことが、この地域の花粉分析(地層に含まれる花粉の植物種から過去の気候を推定する手法)や湖水位データから示されています。

また北アフリカの湖面水位および植生変化の代替指標から、アフリカのサヘル域では、一般に「緑のサハラ」と呼ばれる、現在よりも湿潤で植生分布が拡大した状態が維持されていたことが示されています。アルジェリア南東部のサハラ砂漠にあるタッシリ・ナジェールの洞窟からは、牛やワニなどの大型生物の岩絵が残されており、このころのサハラは砂漠ではなく、えさとなる植物が生育するサバンナを維持する降水量があったことを示唆しています。

また北半球高緯度では、夏季に陸域が温暖化したことで森林の北限が北上していたことを示す証拠があります。

## 縄文海進の原因

六〇〇〇年前といえば、日本では縄文時代です。

縄文時代には現在に比べて海岸線が内陸に入っており、海面水位も数メートル高かったと報告されています。関東地域でも、今に残る貝塚が当時の海岸線の位置だったとされており、最も内陸にある貝塚(海進が最も進んだときにできたと考えられる)は、現在より海面が七〜八メートルほど上がったときの海岸線に沿って分布しています。

縄文時代には、世界全体が一年中暖かく、海面水位が現在よりも高かったのでしょうか？実はそうではありません。

大方の大陸氷床は約二万年前の最終氷期最盛期から約六〇〇〇年前の完新世中期までの間に解けてなくなり、その分の水が海に移動することで、海面水位が一三〇メートルほど上昇しました。海水が世界全体で一三〇メートル分増えるわけですが、アイソスタシーの働き方が、元来大陸氷床があったところと、そこから遠いところとでは、違ってくるのです。大陸氷床があったところやその周辺では、氷床が解けて荷重が無くなったため、地殻は上昇していきます。氷床が解けてできた水は、氷床から遠い太平洋などに集まるため、海洋底には余分な圧力が加わります。しかし海洋底はすぐには反応できず、数千年の時間をかけて沈下します。すると海洋底下のマントルは大陸下に流れ込み、陸地が押し上げられます。

つまり、縄文時代に日本周辺で海面が上がっていたように見えるのは、縄文時代以後、日本列島が(例えば貝塚の場所が)隆起したことが主な原因と考えられます。ある場所の海面水位が高かったからといって、世界全体でそうだったわけではなく、それだけで気温も高かったと結びつけてはいけないのです。

気候モデルによる、六〇〇〇年前の気候再現シミュレーションが行われました。それによれば、日本付近では年平均気温は現在とほとんど変わらないものの、気温の年較差が大きく、春には一℃低く、夏から秋には〇・五〜一℃高かったという結果が得られています。夏に気温が高く湿潤だったことが、当時の植物の分布を変えた可能性があります。

# 3　温暖化が停滞から復活するか

## 中世気候異常期と小氷期

過去一〇〇〇～二〇〇〇年間の気候について、樹木年輪や氷床コア、文書史料などの気温の代替指標のデータが世界中から得られ、北極・ヨーロッパ・アジア・北アメリカ・南アメリカ・オセアニア・南極の七つの地域の、年単位での詳細な気温の推定が可能になっています。ただし、アフリカはデータが少ないため復元できていません。

以前は、主にヨーロッパのデータにもとづいて、中世温暖期や小氷期と呼ばれる気温の長期変動パターンと、太陽活動との関連性が議論されていました。

ヨーロッパの中世にあたる一〇世紀から一四世紀にかけてヨーロッパで温暖だった時期があり、中世温暖期と呼ばれていました。西暦九五〇～一二五〇年の三〇〇年間とすることもあります。グリーンランドへの入植が行われるなど、ヨーロッパでは温暖だったようです。

しかし世界的に温暖だったかについては疑問が投げかけられ、ヨーロッパを中心とする地域的な現象だったと考えられるようになりました。そのため、今では、中世気候異常期と呼ぶようになっています。

小氷期も、やはりヨーロッパを中心として、一四世紀半ばから一九世紀半ばにかけての寒冷な期間を指します。西暦一四五〇～一八五〇年の四〇〇年間とすることもあります。イギリスのテムズ川やオランダの河川が凍結した様子が絵画に残っています。スイス・アルプスの氷河は低地まで拡大していました。小氷期は北アメリカでも見られ、日本でも寒冷で飢饉が頻発しました。太陽活動が不活発だったことや、世界的に火山活動が活発で日射を遮ったことなど、広い範囲に影響を及ぼす要因があったようです。

## 地域ごとの変化を比べる

最近まとめられた過去一〇〇〇～二〇〇〇年間の地域ごとの平均気温には、次の三つの大きな特徴があります。

(1)一九世紀に至るまで一貫して、すべての地域で長期的な寒冷化が認められる。
(2)二〇世紀になると、南極を除くすべての地域で温暖化に転じている。
(3)一九世紀以前の数十年から数百年周期の気温変動のパターンは、大規模な火山噴火時や太陽活動極小期に当たる一部の寒冷期を除いて、地域間、特に南北両半球間では必ずしも一致しない。これは、小氷期や中世気候異常期でも同じ。

(1)は、太陽活動や地球軌道要素などの変化、すなわち地球が受け取る太陽エネルギーの長期変化を反映したものと考えられます。(3)は、一九世紀以前の太陽エネルギーの変動が、数十年から数百年という時間スケールでは、必ずしも地球全体で一様な気温の変動、特に温暖化を引き起こしてきたわけではないことを意味しています。

これらのことから、(2)の二〇世紀の地球全体の温暖化は、主に大気中の温室効果ガス濃度の増大によって生じたことが示唆されます。

総合地球環境学研究所の中塚武教授は、日本・中国・インド・東南アジアなどの広域の樹

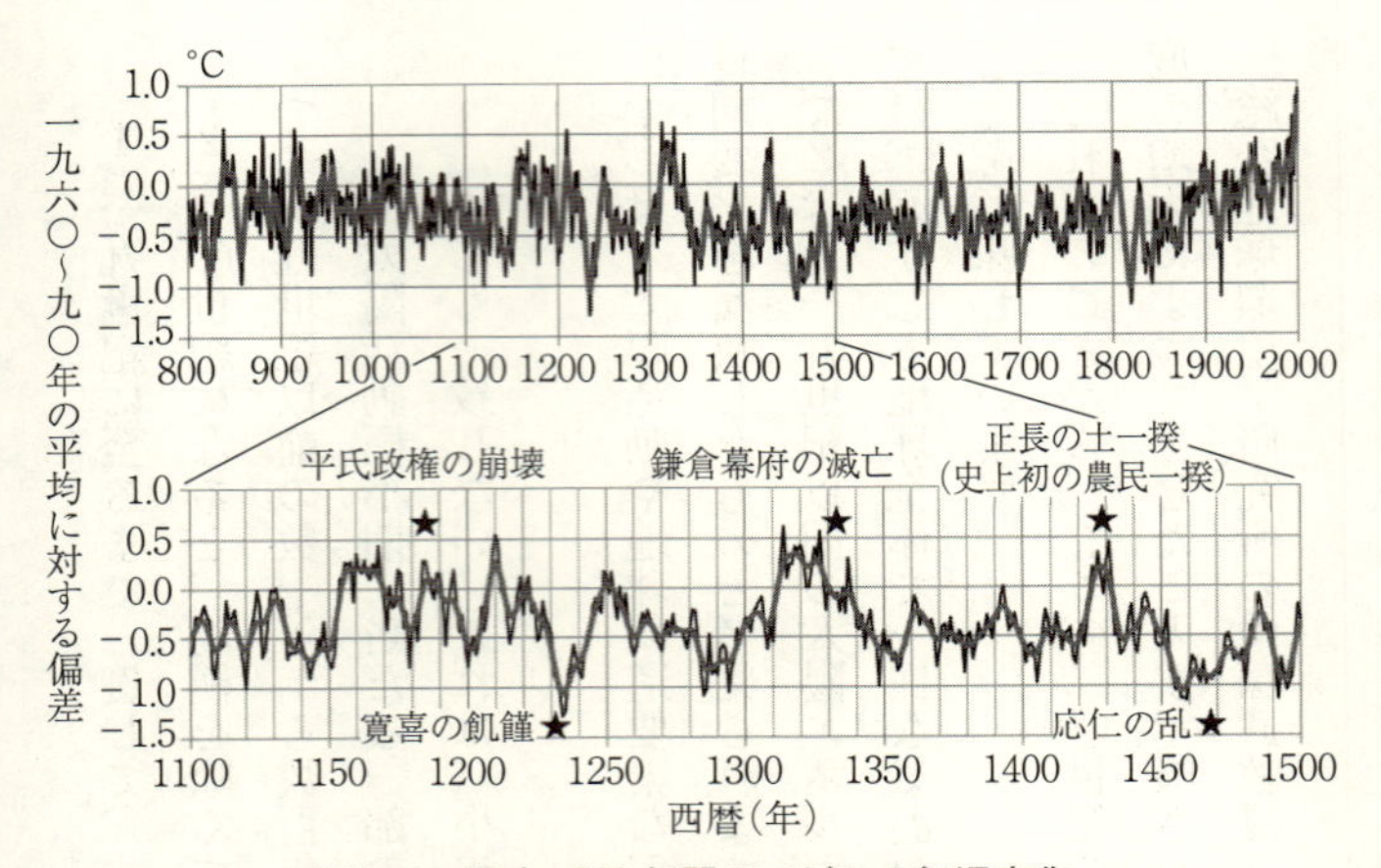


**図3-1　過去1200年間のアジアの気温変化**

中塚武らによる．（日本気象学会地球環境問題委員会編「地球温暖化—そのメカニズムと不確実性」(朝倉書店)より）

木年輪データベースから、アジアの年単位の平均気温を再現しています(図3-1)。樹木は通常、一年のうちに、春の成長が盛んな時期と成長がゆっくりな時期があるため、年輪を作ります。成長期の成長速度はその時の気温に依存するため、年輪幅を測ることで当時の気温を推定できます。

それによると、過去一二〇〇年間で変動が最も激しいのが一二世紀から一五世紀であり、日本では飢饉や戦争が繰り返された中世の時代に当たります。この時代には急激な寒冷化と温暖化が繰り返し起きていたことになります。また、中塚教授らのグループでは、木の年輪の酸素の同位体比を使って、日本の過去二〇〇〇年間の降水量の復元も試みています。今後、気温や降水の変化が過去の社会に与えた影響についても明らかとなることでしょう。

## 温暖化の停滞(ハイエイタス)

小氷期が終わる一九世紀半ば以降は、第1章の図1-1で見たように、世界の平均地上気温は変動を繰り返しながらも上昇してきました。特に一九八〇年代以降は、年々の変動を見せながらも一貫して上昇する傾向を示していました。ところが、一九九八年に起こった史上最大規模のエルニーニョ現象発生時以降、二〇一四年に至るまで一五年以上の間、気温の上昇傾向は停滞しています。気温が低下したというわけではなく、一〇年あたりで〇・〇三〜〇・〇五℃と、それまでと比べるとわずかな上昇傾向しか示していません。

二〇世紀後半に比べると暖かい状態であることは間違いありませんが、この地球温暖化の「停滞」現象(中断、休止を意味するハイエイタス hiatus と専門家の間では呼ばれています)は、地球温暖化が終わったのではないかとの疑問も呼ぶようになり、大きな関心をもたれています。

ハイエイタスを説明できそうな外因としては、太陽活動の一一年周期がたまたま低下期に当たっていることや、二〇〇〇年代に起こったいくつかの小規模な火山噴火(硫酸性エーロゾルを成層圏へ放出することで地球を冷やす役割がある)などが挙げられます。しかし、地球観測衛星による地球の大気上端での観測は、二〇〇一〜二〇一〇年の一〇年間で、一平方メートルあたり〇・五プラスマイナス〇・四三ワットの余剰エネルギーを地球の大気・地表面系が受け取っている、というものです。受け取るエネルギー量が減っていないということは、太陽活動の変化や火山噴火がハイエイタスの主因ではなさそうです。

では、気候システムの内部変動がハイエイタスの主因なのでしょうか。

## 温暖化の復活か

近年では、世界のかなりの海域で、海面から水深二〇〇〇メートルまでの水温データが推定できるようになっています。こうしたデータから、一九五五年以降に気候システムが受け取った余剰な熱の九三%が海洋に吸収され、蓄積されていることがわかりました。この熱の蓄積により海水の温度が上がり、体積が膨張することで、海面水位が上昇しているわけです。

この海洋の熱の蓄積が、ハイエイタス期間には、表層数百メートルよりも深い層(具体的には七〇〇～二〇〇〇メートルの層)でより多く起こっていることがわかりました。一九九〇年代は海面水温の上昇傾向が大きく、深い層での蓄熱量の増加傾向は相対的に小さいものでした。しかし二〇〇〇年代になると逆に、深い層での蓄熱量の増加が顕著になりました。

海洋中の熱の分配のされ方がほんの少し変わり、海面付近の水温の上昇傾向が小さく、余剰の熱は海洋深層に吸収されているのが、ハイエイタス期間ということになります。大気の温度に直接影響するのは、深い層での水温ではなく、海面水温です。この期間には、海面水温の上昇が小さいため世界平均の地上気温の上昇が鈍った(温暖化が停滞した)ように見えますが、海の深いところで水温が上昇を続けていたのです。

ハイエイタス期間の蓄熱の変化は、海面水位の上昇傾向とも一致しています。つまり、余分な熱の海の中での分配のされ方がほんの少し違っているだけで、温暖化自体は止まっていないということです。

どうして海洋中の熱の分配のされ方が変わるのかは、よくわかっていません。太平洋では、熱帯太平洋域と中緯度太平洋域で、海面水温の変化が逆のパターンで、一〇年ほどの周期で変動することが知られています(太平洋一〇年規模振動)。それが関係しているようだと考えられています。

太平洋一〇年規模振動のような自然に起こる内部変動が主要因ならば、ハイエイタス期はまもなく終わり、逆位相の期間に入ることが考えられます。そうすると、海の深い層よりも表層での昇温がより活発に起こることになり、これまで停滞していた温暖化は、逆に加速されるでしょう。この間に上昇した温室効果ガス濃度に「追いつく」ように、世界の地上気温は上がっていくでしょう。

## 次の氷期がやってくる?

約一〇万年の周期で氷期と間氷期が交互にやってきました。今は間氷期で、それがすでに一万年以上続いています。いずれ、次の氷期が到来するでしょう。地球温暖化を心配するより、氷期がやってくることの方を心配すべきなのでしょうか。

最終間氷期は約一二万九〇〇〇年前から一一万六〇〇〇年前まで続いたとされています。その後ゆっくりと地球は寒冷化して氷期に入り、二万一〇〇〇年前から一万九〇〇〇年前に最終氷期最盛期を迎えました。

地球の公転軌道要素の変化や地軸の傾きの変化は、過去だけでなく将来にもわたって正確に計算できます。約一〇万年の周期とはいっても、複数の軌道要素が関係するので、いつもまったく同じ周期というわけではなく、それぞれの氷期・間氷期ごとに少しずつ異なる期間となります。

いつ現在の間氷期から氷期に移行するかは、軌道要素だけではなく、大気中の二酸化炭素濃度にも関係します。古気候記録によると、軌道配置が現在に近いときには、大気中の二酸化炭素濃度が工業化以前の水準よりもかなり低い場合にのみ氷期が起こっていました。気候モデルの計算から、二酸化炭素濃度が三〇〇ｐｐｍを超えたまま持続される場合には、今後五万年間に氷期は生じないでしょう。二一世紀に想定されている二酸化炭素排出シナリオについては第4章で述べますが、そのうち低位安定化シナリオの下でも、西暦三〇〇〇年まで大気中の二酸化炭素濃度が三〇〇ｐｐｍを超えていることは確かであり、軌道要素の変化によって今後一〇〇〇〇年間に氷期が来ないことはほぼ確実です。

## 温暖化の原因特定

ＩＰＣＣ第五次評価報告書は、「気候に対する人為的影響は、大気と海洋の温暖化、世界の水循環の変化、雪氷の減少、世界平均海面水位の上昇、およびいくつかの気候の極端現象の変化において検出されて」おり、「人間による影響が二〇世紀半ば以降に観測された温暖化の支配的な原因であった可能性が極めて高い」と結論しました。

ＩＰＣＣの用語では、「可能性が極めて高い」とは、発生確率が九五％以上のことを指します。第四次評価報告書では「可能性が非常に高い（発生確率が九〇％以上）」としていましたので、この間の科学の進展により、より確からしくなったと言えます。

第2章1節で述べたように、気候変動の要因を気候システム内部の変動と、太陽など外部によるものに分け、本章で述べたような過去の観測データから気候の変動を同定し、それに対する人為的な強制力の影響を定量的に評価することで、上記の結論が導きだされました。

第4章で詳しく説明しますが、気候モデルを使った数値実験では、自然起源のみの強制力、人間活動による強制力（温室効果ガスやエーロゾル）および両者の強制力の影響を別々に評価できます。これらの数値実験では、太陽放射や火山活動の自然起源の変動を考慮しただけでは、最近数十年に観測された急速な温暖化を再現できません。一方で、温室効果ガスなどの人為起源の影響や重要な外部要因をすべて組み込めば、気候モデルは観測された二〇世紀の気温変化を再現することができます。これらは、世界全体だけでなく、大陸ごとの気温変化についても言えます。

なお、大気中エーロゾルの寒冷化効果がなく、温室効果ガスだけだったなら、過去五〇年間に観測されたよりも大きな世界平均地上気温の上昇を引き起こしていた可能性が高いとされています。

## 4　異常気象の原因特定

第1章で紹介したような異常気象の増加には、地球温暖化が効いているのでしょうか？　これは、地球温暖化の原因のように、平均的な気候の状態や長期の変化傾向について原因を特定することとはまた別の問題です。

## イベントアトリビューション

異常気象や極端現象は、人間活動の影響がない場合でも、気候システムの中で自然に生じうる現象です。そのため、ある特定の現象（イベント）の発生が、決定論的に人間活動によるものと判断することはできません。しかしながら、イベントの発生確率が人為強制力によってどの程度変化したのかを評価することは可能です。

二〇〇三年のヨーロッパ熱波を契機として、人間活動（特に温室効果ガスの排出）により、個々の自然災害をもたらしたハザード（熱波や大雨など、一般に災害外力をいいます）の発生の確率がどの程度変化したのかを評価する試みが行われるようになりました。気候モデルを用いた多数例の数値実験を行い、人間活動に起因する変化があることで、自然変動に起因するイベントの発生確率がどの程度変化したのかを評価します。これを異常気象の原因特定（イベントアトリビューション）と呼んでいます。

## 二〇〇三年のヨーロッパ熱波

二〇〇三年夏の気温が異常に高かったのは、フランス、スイスからイタリア北部にかけての地域でした。気温がどれだけ異常だったかは、平均値からの差が、標準的な年々変動の大きさ（標準偏差）の何倍かで示すことができます。

スイスの二〇〇三年夏季（六〜八月）の平均気温は、一八六四〜二〇〇〇年の平均より五・一℃高い記録的な高温でした。次に平均より高かった年は一九四七年で、＋二・七℃でした。該当する気温の年々の変動（標準偏差）は〇・九四℃なので、二〇〇三年の値は、標準偏差の五・四倍になります。過去一〇〇年間の気温上昇の影響を考慮しても、二〇〇三年の熱波は四万六〇〇〇年に一度しか起こらない非常に稀なものであると見積もられます。

気候モデルを用いて、すべての外力を与えた二〇世紀気候変化の再現実験と、自然強制力のみで駆動された自然強制実験を行い、比較することで、二〇〇三年ヨーロッパ熱波を超える自然災害が発生するリスクが、人間活動によって少なくとも二倍になったと推定されました。

二〇〇三年のヨーロッパは、春先から平年よりも強い高気圧に覆われ、かつそれが長期間持続したため、地面が乾燥し、熱波に拍車をかけたと考えられます。自然に起こる異常気象であったことは間違いないものの、人間活動によって、地球規模の温暖化（それが一℃であっても）があったことで、高温の極端現象（熱波）が起こる確率が高まったといえます。

### リスクの増加を見積もる

一方、降水量の変化は、長期的に変化してきた海面水温に依存するだけでなく、海面水温の空間的・時間的パターンの変化や大気循環の地域的変化にも依存しますので、人間活動の影響を特定することは大変困難です。

二〇〇〇年に英国で起こった洪水に対して、温暖化の影響を調べた研究があります。一九〇一年から二〇一〇年までに世界の平均気温が約〇・八℃上昇しているので、この〇・八℃の気温上昇で降水量がどの程度増えて洪水につながったかを調べた研究です。気候モデルを用いて、二〇〇〇年の二酸化炭素などの温室効果ガス、海面水温、海氷の分布のデータを使った数値実験と、それらを一九〇〇年のデータに変えたときの数値実験を行い、両者を比較するのです。後者は温暖化の影響がないとき、前者が温暖化の影響があるときということになります。結果は、九割のケースで、〇・八℃に相当する温暖化による大気中の水蒸気量の増加が、洪水リスクを二〇%増やしたと評価されています。

二〇一三年の日本の夏は、熱波により、八月中旬は統計開始以来第一位の高温を記録しました。この熱波の原因は主には自然の年々変動によるものでしたが、人為的な温暖化も顕著な寄与をしていました。日本周辺の海面水温が高かっただけではなく、西部熱帯太平洋の海面水温が高く対流活動が活発で上昇流が強かったため、その北側で下降流をもたらし、太平洋高気圧を強めたと考えられます。この海面水温の上昇には人為的な温暖化が影響しており、熱波が起こる確率をかなり高めていました。一方、二〇一二年の梅雨期に起こった大雨は、自然の変動で説明できるとのことです。

このようなイベントアトリビューションは、「この異常気象は地球温暖化のせいですか?」という疑問に答えてくれる手法であり、自然災害リスクへの対応にも役立つものとして期待されています。

# 第４章　二一世紀の地球はどうなるか

## 1　未来の気候を予測する

### 気候モデル

第2章で述べたように、大気、海洋、地表面、雪氷などからなる地球の気候システムは、常に自然に変動しており、その上に温室効果ガスなどの人為的な強制によって変わりつつあります。

地球そのものの模型を作って実験をすることはできないので、気候システムの将来の変化を予測するには、気候システムをスーパーコンピュータの中で再現し、数値的なシミュレーションを行います。

この、「スーパーコンピュータの中で擬似的な地球を再現する計算プログラム」のことを「気候モデル」と呼んでいます。世界にはいくつもの研究拠点があり、IPCC第五次評価報告書では、約四〇の気候モデルによる予測結果が使われています。

気候モデルでは、気候システムの中で起こることを、物理法則に従って定式化します。世界全体の大気と海洋を三次元の網の目の格子に分割し、その格子ごとに気温、風、水蒸気など（まとめて気象場と呼びます）の時間変化を計算するのです。ある時刻の気象場から出発し、海と大気との間で熱や水のやりとりがあり、大気中の水蒸気が凝結して雲となると熱を出す、などの結果、次の時刻（例えば三〇分後）には気象場が初期とは変わります。この三〇分後の気象場をもとに、さらに次の三〇分後の気象場を計算します。その繰り返しで、一日後、一ヶ月後、一年後、一〇〇年後の気温や降水量を求めます。大気だけではなく、陸面の状態（雪や土壌水分など）、さらには海の中の水温や海流、海氷の変化も逐次計算します。

一般に、格子が細かいほど精度が高まります。格子間隔は研究機関によってまちまちで、気象庁気象研究所の気候モデルでは、大気を東西南北が約一一〇キロメートル、上下を四八層に区切り、海洋を東西一〇〇キロメートル、南北五〇キロメートル、鉛直に五〇の層に区切っています。大気の格子数が二四五万、海洋の格子数が六八〇万にもなります。これだけの格子で計算を逐次的に行うため、スーパーコンピュータが必要になるのです。

## 気候予測と天気予報の違い

気象庁が出している天気予報のもととなっているのが数値予報です。数値予報モデルは、気候モデルと兄弟姉妹の関係にあります。

二〇一四年時点の気象庁では、地球全体を対象として、一週間先までの週間予報用の予報モデル、一ヶ月先までの天候予測用の予報モデル、一ヶ月より先の季節予報用の予報モデルを運用しています。計算に要する時間を考慮して、大気の格子間隔は予報モデルにより異なり、週間予報用の予報モデルでは東西南北が約二〇キロメートル(格子の数は一億以上)ですが、季節予報用の予報モデルでは約一八〇キロメートルと粗くしています。

なお、目先数時間から一日先の大雨などの予報には、日本周辺のみを対象とした予報モデルも使っています。集中豪雨を対象にしたモデルの格子間隔は五キロメートル、雷雨を対象にした局地予報モデルでは二キロメートルです。

天気予報用の数値予報モデルも、気候モデルと同様の原理にもとづいています。ただし予報期間が(気候モデルに比べると)極端に短いため、気候システムのうち大気中の現象だけを予報しています。

数値予報モデルは、観測された大気の初期状態から計算を始めます。しかし世界全体で二〇キロメートルの間隔で大気の気温や風向風速、湿度の分布が観測されているわけではありません。大気の三次元的な状態は、不等間隔に分布した気象台などで観測しています。また気象衛星によるデータも利用可能です。これらのデータをもとに、たとえば世界全体を二〇キロメートル間隔にした、大気の三次元的な状態を推定しています。

## 天気予報の限界

初期状態を推定する段階で、誤差がどうしても入ってきます。また当初の観測データ自体にも誤差はつきものです。このような初期状態に含まれるわずかな誤差の影響は、時間とともに急激に増加していくため、大気の状態の正確な予測はできません。このことをカオスと呼びます。ある変数のごく小さな変化が、複雑な系(この場合は大気)の予測に不規則性をもたらすのです。このような大気のカオス的性質のために、ある場所の何月何日何時の気温や風速の予報は、一〇日から二週間先までが限界となります。

このことは、数値予報モデルでは、個々の低気圧がやってくる日時や、その正確な経路が、一週間程度先までしか予測できないことを意味しています。つまり、一年先のある月ある日にある場所で雨が降るかどうかを予報することはできないのです。

一方、気候変動予測は、数十年先の気候を予測します。これは、ある場所の何十年後の何月何日何時の天気を予報するのではなく、数十年先のある地域の平均的な夏の気候がどうなるかなどを予測するものです。こういったある地域の平均的な気候は、太陽放射量、大気中二酸化炭素濃度やエーロゾル量といった強制力によって決まる部分が大きいため、現在の気候との違いを議論できるのです。そのためには、熱を長期間蓄積する海洋の流れや、海洋と大気の熱、水、運動量のやりとりが重要となってきます。

## 気候モデルの不確実性

ここで注意すべきことは、気候モデルでは雲のひとつひとつを表現できないことです。一一〇キロメートルの格子の場合、一一〇キロメートル四方で平均した気温や風速、湿度(の鉛直分布)を計算しているということです。これに対し積乱雲のサイズは一キロメートル程度ですから、気候モデルで直接表現できません。そのため気候モデルでは、格子平均の気温や水蒸気の鉛直分布から、半経験的な法則にもとづいて、層状雲ができるか対流雲ができるかを判断して、計算を行います。このときに、どのようなアルゴリズムで計算するかは、世界の多くの研究機関の腕の見せどころであり、逆に言うと、そのために気候モデルによって得られる結果は変わり、予測結果に不確実性がでてくるのです。いまのところ、どのアルゴリズム（半経験的な法則の作り方）が最も正しいのかは明らかではなく、世界の研究者がよりよいものを目指して研究を続けています。

### シナリオ

数十年先といった将来の気候を予測するためには、その時点までに、二酸化炭素などの温室効果ガスの大気中の濃度がどうなっていくか、エーロゾルの量や分布はどうなるか、森林や草地が耕作地に変わるなどの土地利用がどう変化していくか、といった、気候システムにとっての外部条件が必要です。特に、温室効果ガスの排出量は、人口、経済活動、人々のライフスタイル、エネルギー使用量、土地利用パターン、技術発展、温室効果ガス削減のための気候政策によって大きく異なってきます。

IPCC第五次評価報告書では、代表的な四つのシナリオを使っています。すなわち、(1)低位安定化シナリオ、(2)中位安定化シナリオ、(3)高位安定化シナリオ、(4)高位参照シナリオです。これらは代表的濃度経路(RCP: Representative Concentration Pathways)と呼ばれ、四つの異なる将来における温室効果ガスの排出量と大気中濃度、エーロゾルなどの大気汚染物質の排出量、および土地利用の二一世紀中の変化を表現しています。

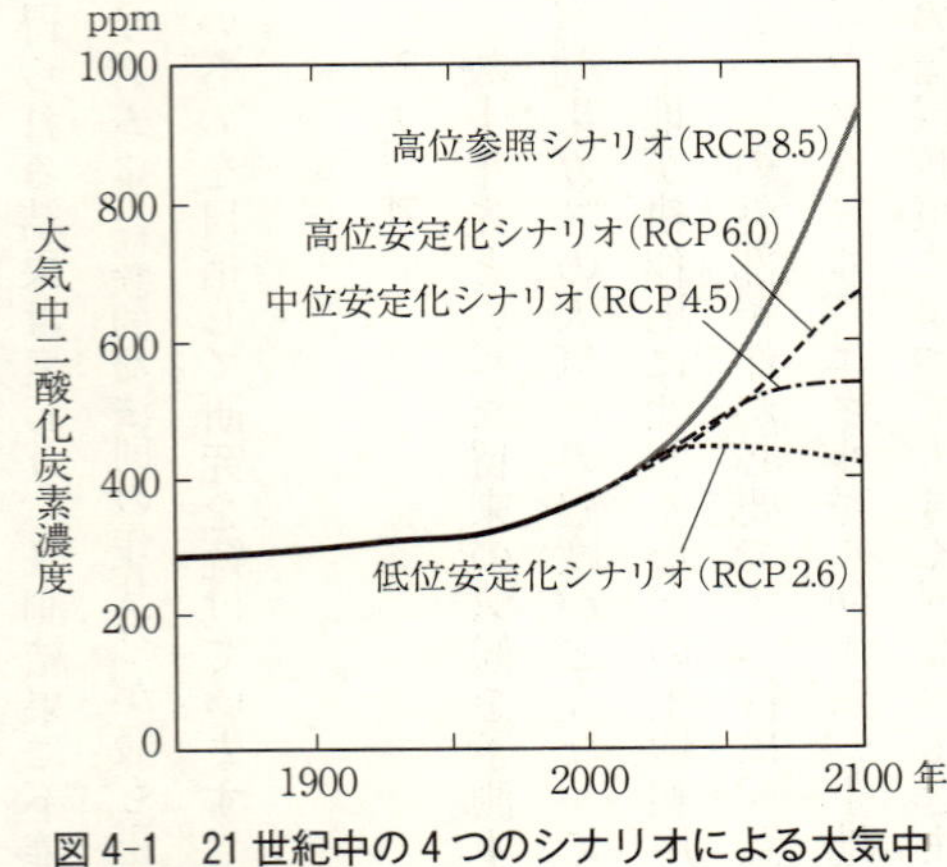


**図 4-1　21 世紀中の 4 つのシナリオによる大気中二酸化炭素濃度**

RCP の数字は放射強制力を示す.

(1)〜(3)の三つの安定化シナリオは、二一世紀の気候政策を考えたものです。(3)高位安定化シナリオは、二一〇〇年まで強制力の大きさが増え続けるシナリオ、(2)中位安定化シナリオは、強制力の大きさが二一〇〇年までにピークを迎え、その後安定化するシナリオ、そして(1)低位安定化シナリオ(厳しい緩和シナリオ）は、強制力の大きさが二一〇〇年までにピークを迎え、その後減少するシナリオです。このシナリオは、工業化以前に比べての世界平均地上気温の昇温量を二℃以下に抑えることを目標としています。（４）高位参照シナリオは非常に高い温室効果ガス排出シナリオです。排出を抑制する気候政策を考慮しない「成り行き」シナリオは、（３）と（４）の間に入ります。

それぞれのシナリオでの二酸化炭素濃度を図４-１に示します。二一〇〇年までに（１）低位安定化シナリオで約四二一ｐｐｍ、（２）中位安定化シナリオで約五三八ｐｐｍ、（３）高位安定化シナリオで約六七〇ｐｐｍと想定しています。なお、（４）高位参照シナリオでは、二一〇〇年で約九三六ｐｐｍです。

なおこれらのシナリオには、太陽や火山活動などの自然起源の強制力の変化傾向は含んでいません。

## 放射強制力

放射強制力とは、地球の熱収支への影響力のことです（第２章１節）。定量的には、その要因(例えば二酸化炭素濃度、エーロゾル濃度、太陽活動など)が気候システムに引き起こす放射エネルギーの収支(放射収支)の変化量のことです。その要因が自然起源であっても人為起源であってもかまいません。放射強制力が大きいほど、地上気温は上がることになります。

例えば、大気中の二酸化炭素濃度が現在の二倍になるときの放射強制力は、一平方メートルあたり約四ワットです。太陽から地球大気上端に到達するエネルギーは、全地球平均で一平方メートルあたり約三四〇ワットですから、四ワットはそのわずか一%にすぎません。しかし、それが地球の気候のバランスを変え、気候変動をもたらします。

一七五〇年を基準とした二〇一一年の放射強制力は次のように見積もられています。まず、二酸化炭素濃度は約四〇%増えました。放射強制力としては一・六八ワットとなります。二酸化炭素にメタン、一酸化二窒素、ハロカーボン類を加えた、よく混合された温室効果ガス全体の放射強制力は、三・〇〇ワットです。エーロゾルは第2章で述べたようにさまざまな効果があり、すべて合わせるとマイナス〇・九ワットの放射強制力と見積もられていますが、誤差の範囲は大きいです。土地利用の変化により、太陽放射の反射率が高くなることで、マイナス〇・一五ワット、自然の太陽放射量そのものの変化はプラス〇・〇五ワットと推定されています。その他の要因をすべて含めた全放射強制力は、二・二九ワットと評価されています。人間活動はプラスにもマイナスにも作用していますが、二酸化炭素のプラスの寄与の割合が大きいことがわかります。

前項で述べた将来予測に用いられるシナリオの放射強制力は、一七五〇年と比較して、二一〇〇年時点で一平方メートルあたりそれぞれ、(1)二・六、(2)四・五、(3)六・〇、(4)八・五ワットになります。そのためこれらのシナリオは、RCP二・六、RCP四・五、RCP六・〇、RCP八・五シナリオとも呼ばれます(図4-1)。

## 2　二一世紀の温暖化の進行

### 世界の気温上昇

二〇一〇年から二〇一二年にかけて、世界の約二〇の研究機関では約四〇の気候モデルを使って(一つの研究機関で複数の気候モデルを持っている場合もあるため)、前記の四つのシナリオ

**表 4-1　気候モデルで予測された世界平均地上気温の変化(℃)**

| シナリオ | 2046〜2065 年 平均 | 2046〜2065 年 可能性が高い範囲 | 2081〜2100 年 平均 | 2081〜2100 年 可能性が高い範囲 |
|---|---|---|---|---|
| 低位安定化シナリオ | 1.0 | 0.4〜1.6 | 1.0 | 0.3〜1.7 |
| 中位安定化シナリオ | 1.4 | 0.9〜2.0 | 1.8 | 1.1〜2.6 |
| 高位安定化シナリオ | 1.3 | 0.8〜1.8 | 2.2 | 1.4〜3.1 |
| 高位参照シナリオ | 2.0 | 1.4〜2.6 | 3.7 | 2.6〜4.8 |

1986〜2005 年平均からの差で表す．(IPCC 第 5 次評価報告書より)

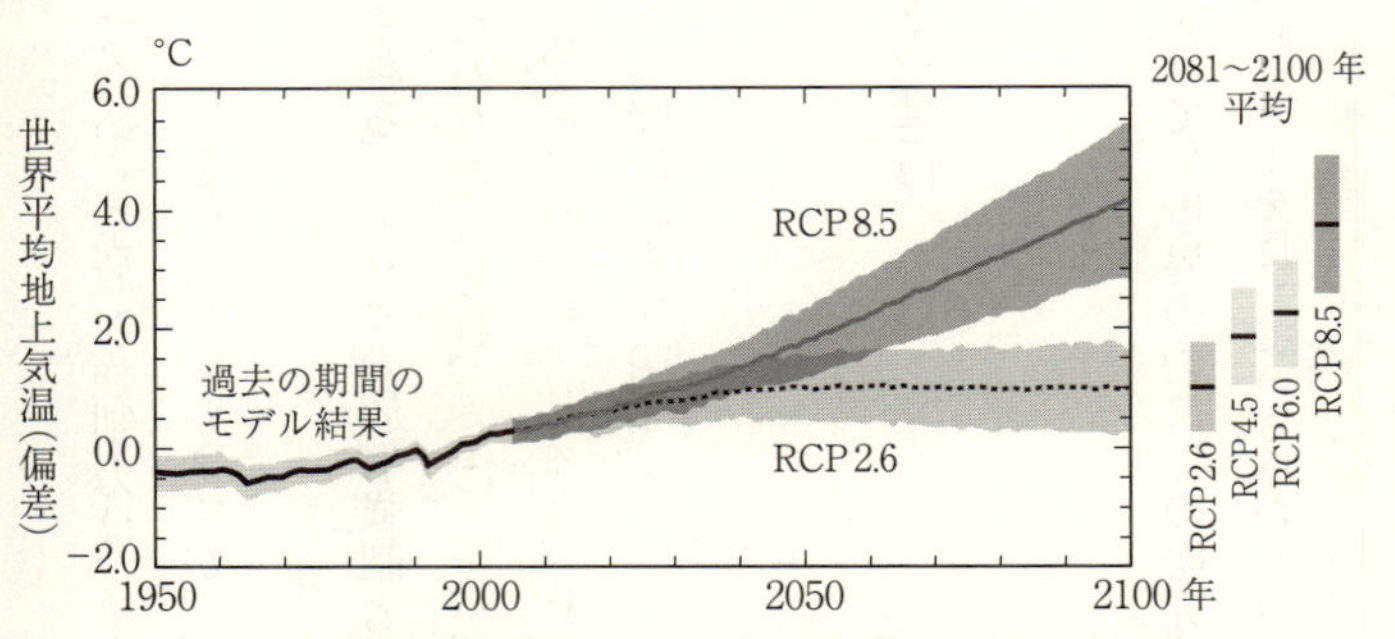


**図 4-2　複数の気候モデルによる世界平均地上気温変化予測**
1986〜2005 年平均からの偏差で示す．予測と不確実性の幅を低位安定化シナリオ(RCP 2.6)と高位参照シナリオ(RCP 8.5)を用いた実験について示した．2005 年以前の線と陰影は，歴史的に再構築した強制力を用いてモデルにより再現したもの．4 つのシナリオについて，2081〜2100 年の平均値と不確実性の幅を右端に示した．(IPCC 第 5 次評価報告書より)

にもとづいた将来気候予測実験を行いました。

図4-2は、それらによる世界平均地上気温の変化です。基準は一九八六〜二〇〇五年の平均です。低位安定化シナリオと高位参照シナリオの場合の年々の変化と、二一〇〇年時点での四つのシナリオの予測値の幅(表4-1の「可能性が高い範囲」)を示してあります。

表4-1には、二〇四六〜二〇六五年および二〇八一〜二一〇〇年の各シナリオでの気温上昇量の予測値を示しています。二一世紀末には、低位安定化シナリオでは〇・三〜一・七℃、高位参照シナリオでは二・六〜四・八℃の範囲に入る可能性が高くなっています。

温室効果ガスの排出量が衰えることなく続く高位参照シナリオでは、世界平均地上気温が二一世紀を通じて上昇し続けます。気温の上昇幅は、シナリオによって異なること、また同じシナリオでも予測に幅があることがわかります。

図4-2と表4-1では、気候モデルによる予測値の確率五〜九五%の範囲でもって、「可能性が高い範囲」としています。これらの範囲は、気候モデルにより予測される気温変化の値が異なることを意味しており、温暖化予測計算結果には大きな不確実性があるということを示しています。ただし気温変化の符号(増えるのか減るのか)に違いはなく、すべての気候モ

デルで地上気温は上昇しています。

なお、ここで基準とした一九八六〜二〇〇五年の二〇年平均は、一八五〇〜一九〇〇年に比べてすでに〇・六一℃の昇温があることに注意してください。「工業化以前」からの気温上昇を議論するときには、この「ゲタ」部分を考慮する必要があります。(普通にはこの「ゲタ」分を足し合わせれば良いのですが、五〜九五%の範囲といったように統計的な発生確率を厳密に議論するときには、単純な足し合わせにはなりません。)

これらを考慮すると、二一世紀末における世界平均地上気温の変化は、低位安定化シナリオを除くすべての代表的濃度経路シナリオで、一八五〇年から一九〇〇年の平均に対して一・五℃を上回る可能性が高い(確率六六%以上)ことがわかります。また高位安定化シナリオと高位参照シナリオでは二℃を上回る可能性が高く(確率六六%以上)、中位安定化シナリオではどちらかと言えば(確率五〇%以上)二℃を上回ることもわかります。また、何も対策を取らない(高位参照シナリオ)場合には、二一〇〇年の温室効果ガス濃度が一〇〇〇ppm前後となり、四℃前後の気温上昇が予測されます。

図4-2から推察されるように、二一世紀半ばに達するまでの今後数十年間は、シナリオ

間による気候変化の幅は重なり合っていて有意な差はみられません。しかし二一世紀の中ごろ以降は、シナリオによる違いが、気候モデル間の不確実性以上に、予測される変化の大きさに顕著に表れるようになります。

## 昇温の大きい地域

右記の数字は「世界平均」かつ「年平均」の値です。気温の変化は、地域により、季節により、異なります。図4-3に、高位参照シナリオの場合の地域ごとの平均気温を示します。北極域での昇温は世界平均よりかなり高いこと、陸上の昇温は海上よりも高いことは確実です。陸域について世界平均した変化は、海洋についての変化を、一・四〜一・七倍の範囲で上回ると推定されています。海上では温度が上がると蒸発が増え、蒸発の気化熱が奪われることで温度上昇が抑えられるのに対し、陸上では土壌水分に限りがあり、いくらでも蒸発できるわけではないからです。

北極域は最も昇温するでしょう。北極域など現在、太陽光をよく反射する雪や氷に覆われている地域では、将来気温が上がると雪氷面積が減り、太陽光をさらに吸収することで気温

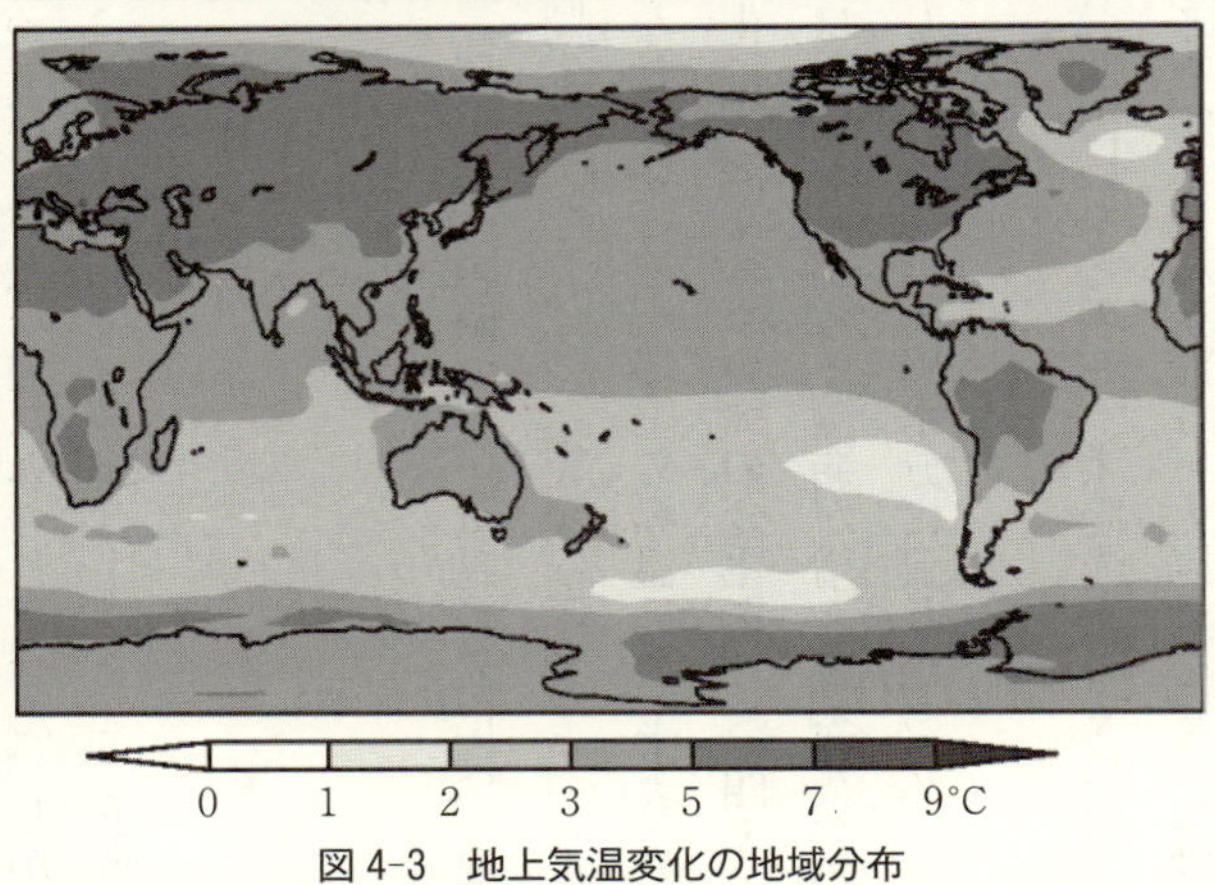


**図 4-3　地上気温変化の地域分布**

(上)12〜2月平均，(下)6〜8月平均．高位参照シナリオ(RCP 8.5)による，2080〜2099年平均を，1986〜2005年平均からの差で示す．

上昇が加速されるからです。

　また、ほとんどの地域で、世界平均気温が上昇するにつれて、極端な高温現象が増えて、極端な低温現象が減ることはほぼ確実です。熱波の頻度が増加し、より長く続く可能性が非常に高くなります。かといって、冬季は暖かくなる一方ではなく、たまに起こる極端な低温も引き続き発生すると考えられています。

## 熱帯が広がる

　世界の気温が上昇するにつれて、大気の循環も変化するでしょう。まず、大気循環に影響する海面気圧が、高緯度域で低下し、中緯度域で上昇すると予測されます。

　熱帯域に特徴的な大気循環として、低緯度域の熱帯で上昇し、亜熱帯域で下降する南北方向の循環（ハドレー循環）と、インド洋から熱帯西部太平洋域で上昇し、熱帯東部太平洋域で下降する東西方向の循環（ウォーカー循環）があります。温暖化すると、これらの循環は弱まる可能性が高いと見られています。

　またハドレー循環の南北の幅が拡大する可能性が高くなる（下降流域が極方向に移動する）こ

とで、熱帯域が広がり、亜熱帯の乾燥帯が極方向に拡大するでしょう。熱帯域の拡大は、すでに始まっています。過去三〇年間の観測データによると、一〇年あたりで緯度にして一度(距離にして約一〇〇キロメートル)、熱帯が広がったということです。ただし、無限に熱帯が広がるわけにはいかないので、どこまで広がり得るかは議論の余地があります。

熱帯が広がることで、台風やハリケーンといった熱帯低気圧が最大強度に達した緯度も、高緯度側に移動しました。一九八二年から二〇一二年のデータによると、北半球平均で、一〇年あたりで約五〇キロメートル分、北側(極側)へ移動しました。ただし、この傾向が将来も続くかどうかはわかりません。台風については第5章で述べます。

### 降水量の差が拡大

長期的には、世界平均地上気温の上昇とともに世界平均降水量が増加することはほぼ確実です。世界平均降水量は、世界平均地上気温の上昇量一℃あたり、一~三%増加するでしょう。

大気中に含みうる水蒸気量(飽和水蒸気量)は気温が高いほど多くなります。これはクラウ

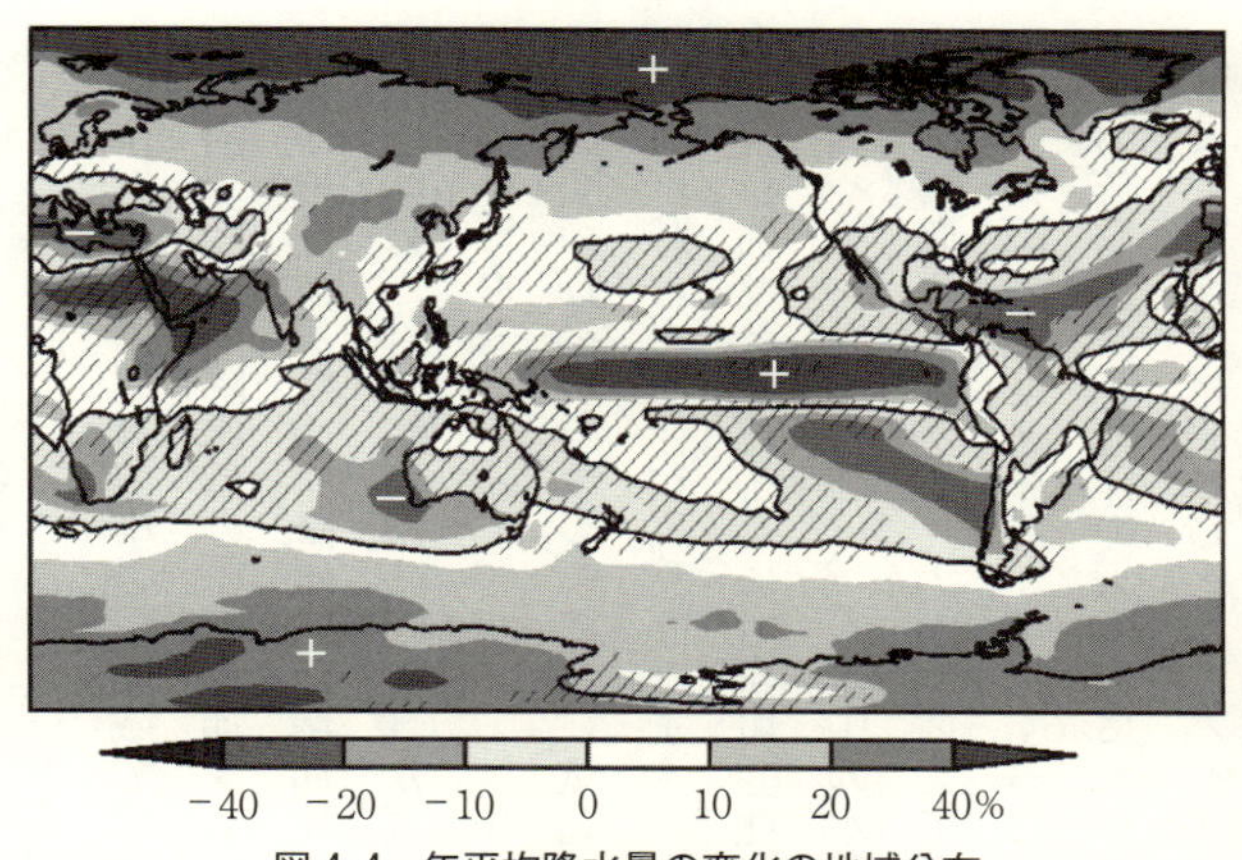


**図 4-4　年平均降水量の変化の地域分布**

高位参照シナリオ(RCP 8.5)による，2080〜2099 年平均を，1986〜2005 年平均からの差で示す．斜線部は，変化が自然変動と比べて小さい領域．

ジウス・クラペイロン関係という熱力学の基本的な関係式から言えます。一℃気温が高くなると、飽和水蒸気量は約七％増えます。大気中には海などから豊富に水蒸気が供給されるので、飽和水蒸気量が大きくなると実際の水蒸気量(絶対湿度)も増加し、降水量増加に効いてくるのです。ただし、降水量の増加率は水蒸気量の増加率よりは小さいものとなりそうです。しかし、短時間に降る強い雨の増加率は、飽和水蒸気量の増加と同じかそれ以上になると考えられています。

降水量変化の空間的変動はかなり大きく、増加する地域もあれば減少する地域もあり、さらにはほとんど変化のない地域もあります。

図4-4に、高位参照シナリオにもとづく予測の例を示しました。斜線部は、予測される変化が自然変動に比べて小さい領域です。一般に、湿潤地域と乾燥地域、湿潤な季節と乾燥した季節の間での降水量の差が増加するでしょう。高緯度陸域においては、気温が上がり水蒸気量が増加するため、降水量は増加するでしょう。中緯度および亜熱帯の多くの乾燥・半乾燥地域では、降水量が減る可能性が高く、多くの湿潤な中緯度地域では降水量が増える可能性が高くなります。

短期間の降水現象については、気温の上昇に伴い、個々の低気圧の強度が増し、弱い低気圧の数が減る可能性が高くなります。中緯度陸域の大部分と湿潤な熱帯地域では、極端な降水現象が強度と頻度ともに増す可能性が非常に高いでしょう。

大雨や強い雨の増加は、大気中の水蒸気量が増えることが原因と考えられます。近年の降水量の観測データから、大雨が増えてきていることは確かで、今後のさらなる気温上昇に伴って、大雨の強度・頻度が増加することはほぼ確実です。

水の蒸発量は、海洋の大部分において世界平均地上気温の上昇につれて増加することが予測され、陸域では降水量と似たパターンに従って変化すると予測されています。つまり、多いところと少ないところの差が拡大します。二一世紀末までに、現在乾燥している地域において、土壌水分の減少と農業干ばつのリスクが増加する可能性が高くなっています。特に、地中海、アメリカ南西部、アフリカ南部地域において、熱帯域の拡大および地上気温の上昇とともに、地表面の乾燥化が生じる可能性が高いとされています。

## 縮小する雪氷圏

積雪面積の変化は、降雪量の変化と融解量の変化の関係で決まります。世界平均地上気温の上昇に伴い、北半球の積雪面積は減少していくでしょう。二一世紀末の北半球で、積雪面積が一年で最も広がる春季において、気候モデルは七％の減少(低位安定化シナリオ)から二五％の減少(高位参照シナリオ)と幅広い予測になっていますが、減少していくパターンはモデル間でかなり一致しています。

積雪量は一様に減少するとは限りません。東部シベリアなどの氷点下以下の非常に寒い地域では、温暖化しても氷点下のままであり、むしろ気温が上がることにより、降雪量が増えることがあります。

北極海の海氷面積は、いま、急激に減り続けています。今後も減り続けて、ついには無くなるのかどうか、いつそうなるのか、が関心を集めています。北極域の海氷面積は、冬の終わりである三月に最も多く、夏の終わりである九月に最も少なくなる季節変化をしています。二一世紀の間、世界平均地上気温の上昇とともに、北極域の海氷面積が縮小し厚さが薄くなり続ける可能性は非常に高いです。減少の度合いは気候モデルにより予測に大きな幅があります。

現在の北極域の海氷の広がりや、ここ数十年の減少傾向を、現実にかなり近く再現している気候モデルによれば、二酸化炭素濃度の上昇が著しい高位参照シナリオにおいて、今世紀中ごろまでに九月の北極域で海氷がほぼ無くなる(海氷面積が少なくとも五年連続で一〇〇万平方キロメートル未満となる)と予測されています。夏に海氷が無くなっても、冬には海氷が張り、春先には海氷が広がりますが、今よりは薄い海氷となりそうです。

## 海洋酸性化

工業化以降、人間活動で排出した二酸化炭素のうち約六〇%は海洋と陸域生物圏で吸収されました。その半分は海洋で吸収されたと見積もられています。

工業化以前の海水のpH（水素イオン濃度指数、七を中性として、七より小さい値が酸性、七より大きい値がアルカリ性）は、およそ八・二とややアルカリ性になっています。長年にわたって、大気から海水中に運ばれてきた二酸化炭素の影響と、水が岩石などをとかして生じたさまざまなイオンとが均衡を保って、この値になっています。現在のように急激に大気中の二酸化炭素濃度が上昇し、海水中に二酸化炭素が多く溶け込むと、海水のpHが下がり、アルカリ性が弱まります。現在ではpHは八・一へと、約〇・一低下しました。これは水素イオン濃度として測定される酸性度で二六％増加したことになります。このように海洋のpHが低下する現象を「海洋酸性化」と呼んでいます。

海洋が酸性化すると、海洋中のプランクトン、サンゴ、貝類や甲殻類など、さまざまな海洋生物に影響がおよび、多くの海洋の生態系に深刻な影響を与える可能性があります。海の生物は、海水中に含まれるカルシウムイオンと炭酸イオンから、水に溶けにくい炭酸カルシウムの骨格や殻を作っていますが、海洋酸性化が進んで海水中の水素イオンが増えると、炭酸カルシウムの殻を形成することが困難な環境となるからです。

## 海面水位上昇

二一世紀の間、世界平均海面水位は上昇を続けるでしょう。海洋の温暖化が強まることと、氷河と氷床が縮小することによって、すべてのシナリオにおいて、海面水位の上昇率は、一九七一～二〇一〇年に観測された上昇率（一年あたり二ミリメートル）を上回る可能性が非常に高くなっています。

海面水位の上昇に最も寄与しているのは、海洋の温暖化による熱膨張です。次に大きな寄与は、氷河が解けることです。高位参照シナリオでは、現存する氷河の三五～八五％が今世紀末までに失われると予測されています。グリーンランド氷床の表面の融解は、標高の高い場所での降雪の増加を上回って、正味で海面水位を上昇させるのに寄与します。一方で、南極氷床は標高が高いため、降雪の増加と表面の融解のどちらが上回るかが鍵になりますが、おそらく降雪の増加が上回る（海面水位を下げる方向）だろうとされています。

高位参照シナリオでは、二〇世紀末から二一世紀末までの世界平均海面水位の上昇量は、〇・五二～〇・九八メートルと予測されています（図4-5）。低位安定化シナリオの場合でも

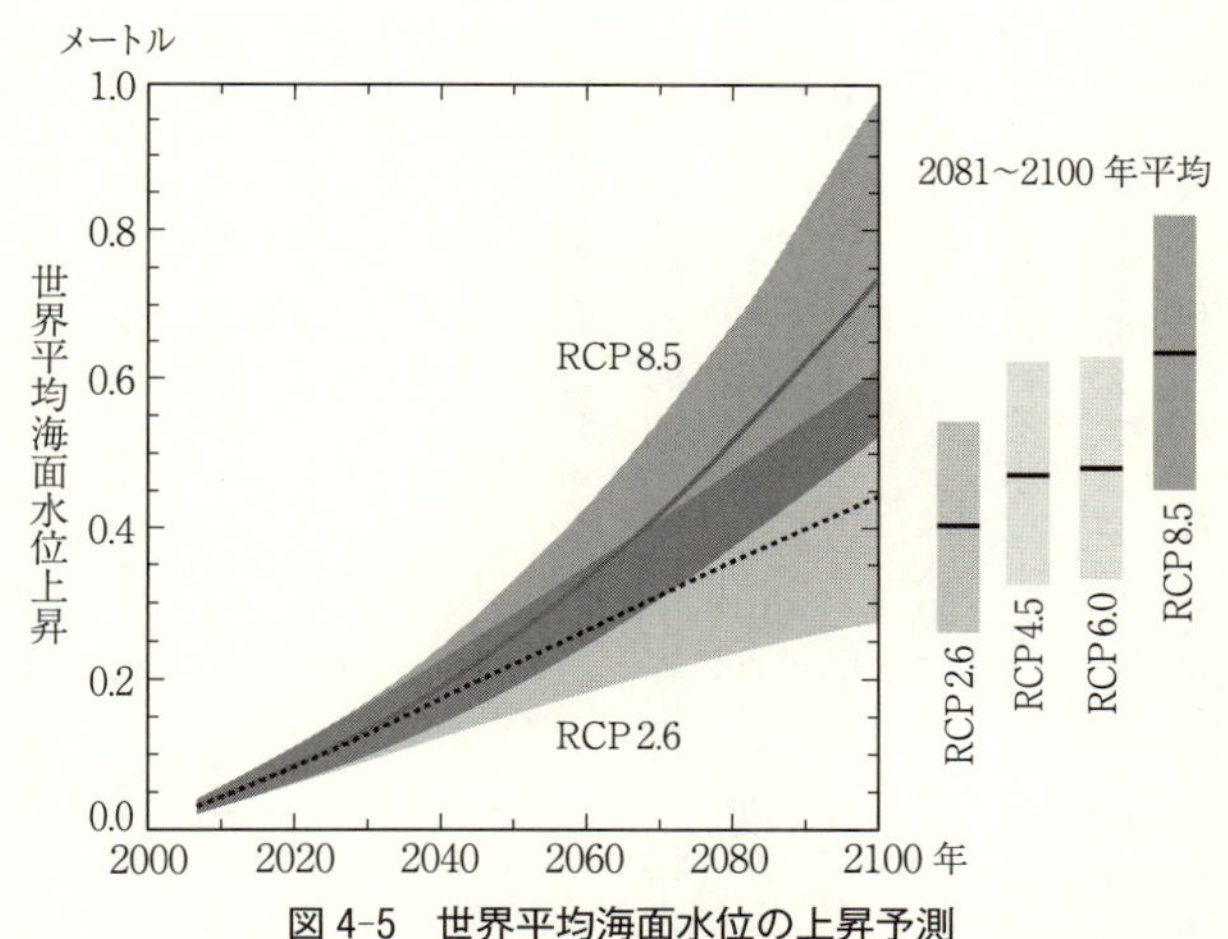


**図 4-5　世界平均海面水位の上昇予測**

1986～2005 年平均からの偏差で示す．可能性の高い幅を低位安定化シナリオ（RCP 2.6）と高位参照シナリオ（RCP 8.5）を用いた実験について示した．4 つのシナリオについて，2081～2100 年の可能性の高い幅と中央値を右端に示した．（IPCC 第 5 次評価報告書より）

〇・二八～〇・六一メートルです。

なお、世界平均海面水位が、この範囲を大幅に超えて上昇する可能性も考えられています。それは、南極氷床のうち、海洋を基部とする部分が崩壊する場合です。南極氷床の基盤は平均すれば海面水位より上にありますが、西南極など一部は基盤岩が海面水位より深いところにあります。そこでは海水が暖まることで氷床が不安定になり、崩壊するのではないかと危惧されています。しかしながら、それについて確信をもって見積もることは現段階ではできていませんので、図4-5の予測には含まれていません。

海水の温暖化は、浅いところから徐々に深海へと進んでいき、海洋全体が昇温するのには数百年という時間がかかります。そのため、熱膨張に起因する海面水位上昇は何世紀にもわたって継続します。したがって二一〇〇年以降も世界平均海面水位が上昇しつづけることはほぼ確実です。

## 長期的な海面上昇

より長期的な海面水位の上昇幅は、将来の温室効果ガス排出量に依存します。低位安定化シナリオのように、温室効果ガス濃度がピークに達した後減少し、二酸化炭素換算で五〇〇ppm未満を維持するような場合には、工業化以前と比べた二三〇〇年までの世界平均海面水位の上昇は一メートル未満であるとの計算結果があります。一方で、高位参照シナリオの下では、予測される水位上昇は一~三・五メートルになります。

海洋の熱膨張の大きさは、地球温暖化とともに増加します(一℃あたり、海面水位上昇が〇・二~〇・六メートル)。一方、氷河の寄与率は、時間の経過とともに氷河自体の体積(現在は海面水位換算で〇・四一メートル分あります）が減少するので、減少していくことになります。

　より関心が高いのは、グリーンランド氷床や南極氷床が解けることによる海面水位上昇でしょう。古気候学によると、現在より高温の期間には海面水位がより高かったとの代替データがあり、長期的な氷床の質量損失により数メートルの海面水位上昇が生じうると考えられます。グリーンランドには海面水位にして約七メートル分の、南極大陸には同じく約六〇メートル分の氷床があります。このうち氷床のかなりの部分が海面下にある西南極氷床は、四～五メートル分です。温暖化が「数千年間」続く場合には、一℃昇温するごとに一～三メートルの海面水位上昇が予測され、グリーンランド氷床のほぼ完全な損失を招いて、約七メートルに達する世界平均海面水位の上昇をもたらすことになります。

　なお、海面水位の変化は、地域によっても大きく異なると予想されます。日本近海では、黒潮の南側の亜熱帯域で海面水位の上昇や、日本海の海水温上昇による海面水位の上昇が大きいと予測されています。将来は強い台風が増える可能性が高いと予測されていますので、最大風速の増加や海面気圧の低下により、沿岸域では高潮災害の発生頻度が高まると予想されます。

### 累積総排出量に比例して世界平均気温が上昇する

二酸化炭素の累積総排出量とは、人類が大気中に排出した二酸化炭素の総量です。その総量によって、二一世紀後半以降の世界平均の地表面の温暖化の大部分が決定づけられる、というのがＩＰＣＣ第五次評価報告書の結論です。つまり、いつ排出されたかによらないのです。

図４‐６は、二酸化炭素の累積総排出量と世界平均地上気温の上昇の関係を示した図です（二酸化炭素量を、そのうちの炭素量に換算して示しています）。両者はほぼ比例しています。

例えば、温暖化を二℃未満に抑えるには累積総排出量をどれだけに抑えなければならないでしょうか。図に影がつけてあるように、予測には不確実性があります。ですから、条件に対してもどの確率でなのかを指定する必要があります。ここでは、「六六％を超える確率で二℃未満に抑える」には、としましょう。その条件では、二酸化炭素排出量を（炭素量に換算して）一兆トン以下に抑える必要があることがわかります。炭素量換算でなく二酸化炭素量ではその三・六七倍になります。

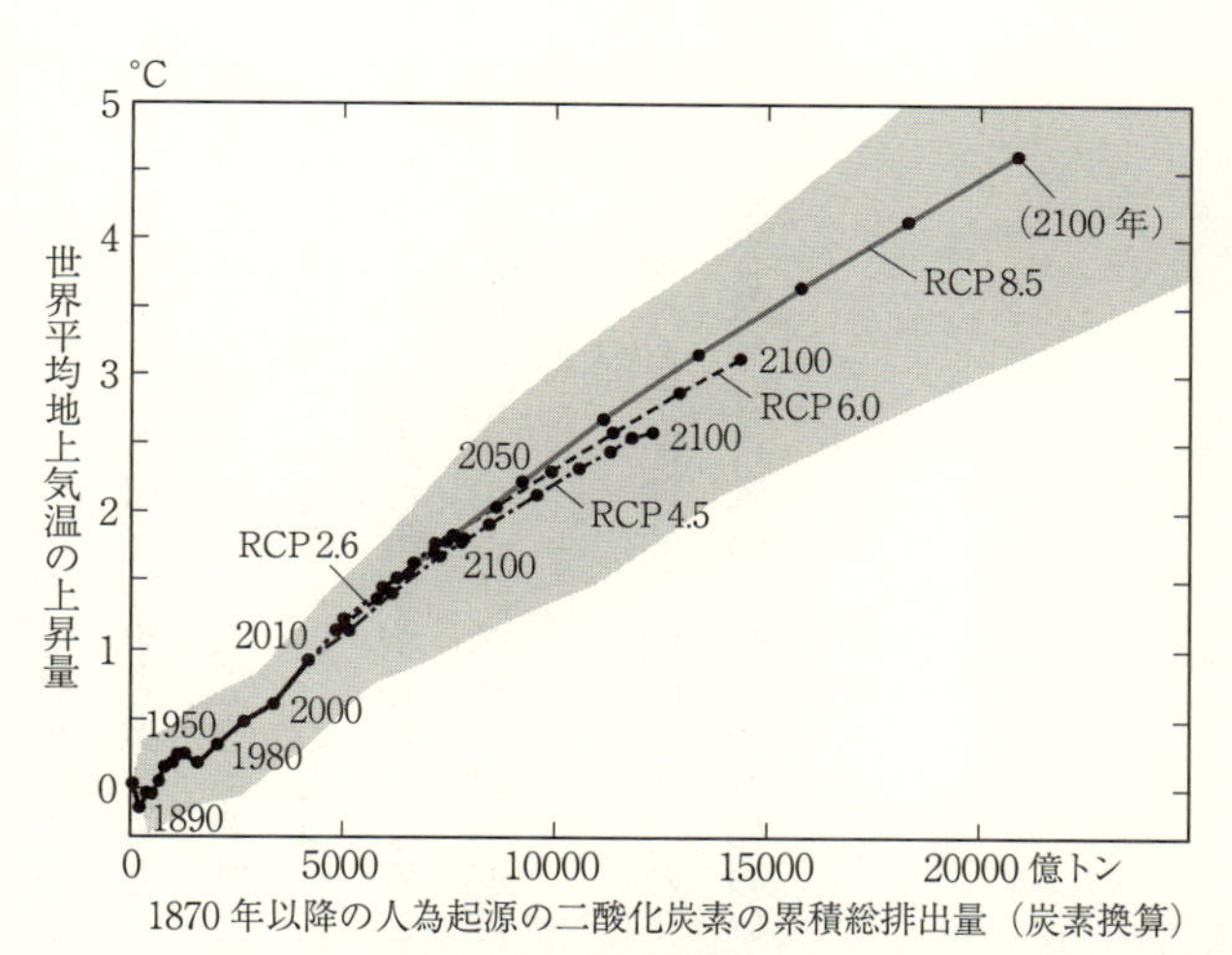


**図 4-6　世界全体の二酸化炭素の累積総排出量と，世界平均地上気温の上昇量の関係**

4 つの RCP シナリオにわたる複数モデル平均とその幅を表す．年を記してあるのは 10 年平均（例えば，2050 は 2040〜2049 年の 10 年平均）．気温は 1861〜1880 年の期間平均を基準としており，排出量は 1870 年を基準としている．（IPCC 第 5 次評価報告書より）

温室効果ガスには、二酸化炭素以外にメタンなどもあります。それら二酸化炭素以外の強制力を考慮すると、この数字は七九〇〇億トンとなります。一八七〇年から二〇一一年までの総排出量はおよそ五一五〇億トンであり、二〇一二年の一年間の排出量が九七億トンなので、単純計算だと三〇年でこの限界に達することになります。

「六六％を超える確率で二℃未満に抑える」とは、逆にいえば二℃を超える確率が三三％あることになります。科学的知見がいまだ不十分な永久凍土やメタンハイドレートから温室効果ガスが放出される可能性を考慮すると、二℃未満にするには、七九〇〇億トンよりかなり低く抑えなければいけないことをも意味しています。

累積総排出量で決まるということは、より早い時期により多くの排出があった場合には、後になってより強力な削減が必要になることを意味します。二℃目標を達成するには、いますぐ二酸化炭素排出のペースを下げる必要があります。

本章で述べた全地球的な温暖化とそれに伴う現象は、日本にはどのように影響するでしょうか。第5章では日本の気候の予測について紹介します。

# 第5章　日本の気候はどうなるか

## 1　地域気候モデル

### 災害の発生しやすい日本の風土

日本は環太平洋変動帯にあって、大地震や火山噴火活動の頻度が極めて高いことはよく知られています。大陸プレートであるユーラシアプレートの東部、および北アメリカプレートの西部に位置する日本列島の周辺では、これら大陸プレートの下に、海洋プレートである太平洋プレートとフィリピン海プレートが沈み込んでいます。太平洋プレートが東から沈み込んでいるところが日本海溝など、フィリピン海プレートが南東方向から沈み込んでいるところが南海トラフなどです。日本列島は、ユーラシア大陸の端で火山活動によって日本海が開いてできたものですが、日本海が拡大して大陸から切り離されてきたのは、一五〇〇万年ほどのプレート運動のためです。

こうしてユーラシア大陸と太平洋の境界に生まれた日本列島の南には、世界で最も水温の高い海があるため、夏から秋には台風が襲来するなど、南から水蒸気が供給されて大雨が降ります。梅雨期や秋雨期に南海上に台風があるときには、日本列島上に横たわる前線に向けて南の海上から湿って暖かい空気が供給されるために、豪雨となります。また冬には、日本海から蒸発した多量の水蒸気が、シベリアからの北西季節風によって運ばれ、日本海側を中心に豪雪をもたらします。

集中豪雨に加え、地震や火山活動も活発で、山崩れや土石流、地すべり、なだれなどの山地災害の危険を常に抱えています。狭い日本列島は、険しい山が続く複雑な地形をしており、川の流れは狭く、急流が多い特徴があります。

このように、日本は、そもそも大雨などによる災害に襲われやすい条件が揃っているといえます。

一五〇〇万年の歴史において、地震や火山が急峻な地形を生み出す一方で、多量の雨が降り、山崩れが不断に起こることで定常な姿になったのが、現在の日本列島です。過去に災害が起こったところはこれからも起こるところであり、その歴史は地形に刻まれ、地名として残っています。また、温暖化が進んでこれまでにないような大雨が降るようになると、記録

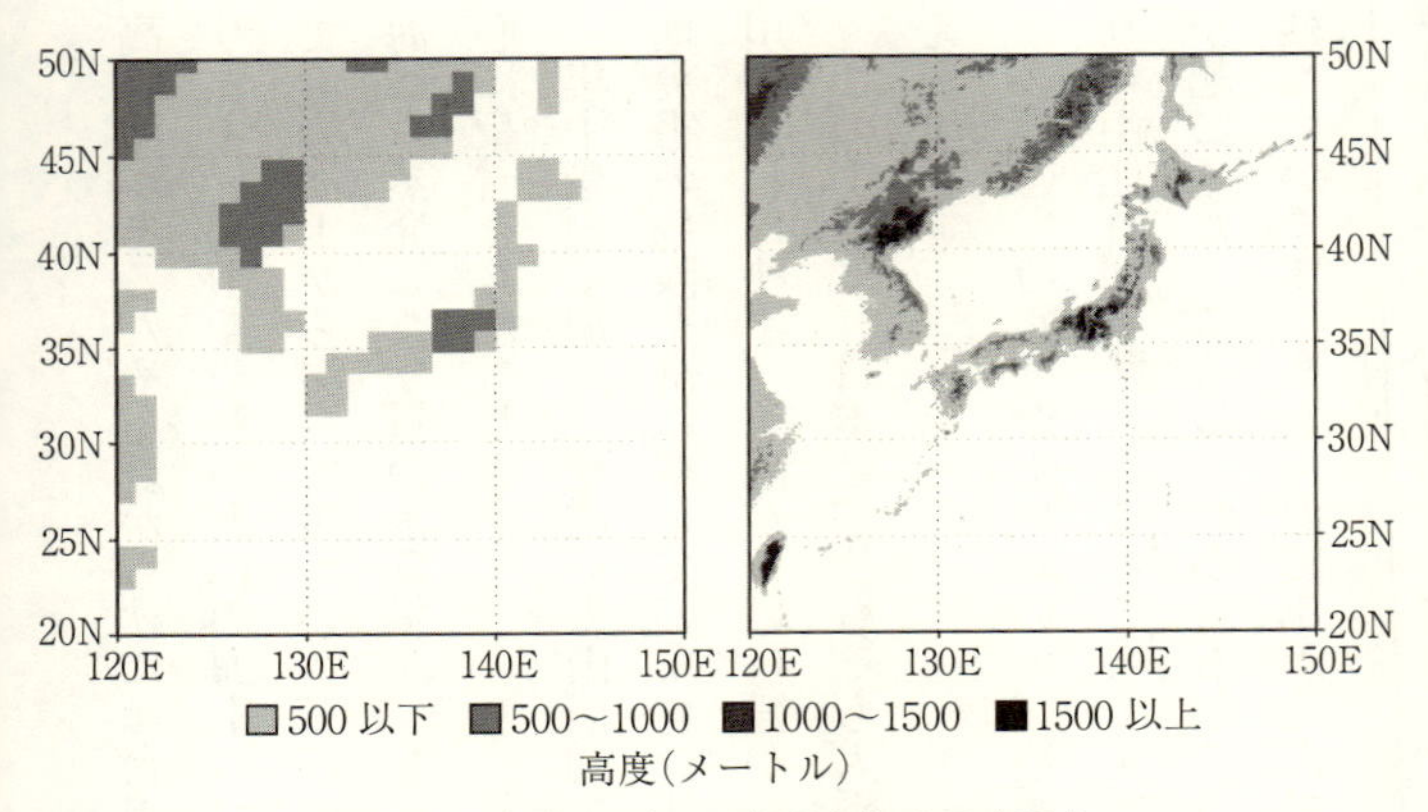


**図 5-1　気候モデルで表現される日本列島**
(左)全球気候モデル(格子間隔 110 キロメートルの例)，(右)地域気候モデル(格子間隔 5 キロメートルの例)．

には残っていない場所でも、災害につながる激しい気象現象が起こる可能性があります。

## 地域的な気候変化をどう計算するのか

第4章で述べたように、地球温暖化により世界全体の気候がどうなるかは、世界全体を表現できる全球気候モデルを用いて予測されています。大気を三次元の網の目の格子に分割し、その格子ごとに気温、風、水蒸気など(気象場)の変化を計算していきます。

地形の表現は当然のことながらモデルの格子サイズに強く依存します。気象庁気象研究所の気候モデルでは、大気を東西南北が約一一〇キロメートルの格子に分割しています。

水平格子間隔一一〇キロメートルで日本列島を表現すると、図5-1の左のようになります。日本列島を覆う格子の数は約三〇にすぎません。山は、日本の真ん中に八五〇メートルの単独峰があるだけです。これでは、日本海側や太平洋側の異なる気候帯を再現することはできません。全球気候モデルは、数百年以上もの時間にわたって、幾通りものシナリオで、また同一シナリオであっても複数の実験を行う必要があるため、利用できる計算機資源の制約から、モデルの解像度を低く（格子間隔を粗く）せざるをえないのです。またそれらの気候モデルの役割は、世界全体の気温や降水量の変化がどうなるか、地域的な気候としては、東アジアや南アジアの気候がどうなるかといった、数千キロメートル以上の空間スケールの気候情報を予測することを目的としています。

地域的な気候変化情報を得るためには、ダウンスケーリングという方法を用います。ダウンスケーリングとは、空間的に詳細な気候変化の特徴を、全球気候モデルの空間的に粗い計算結果から取り出す方法です。

## 地域気候モデル

ダウンスケーリングに用いられるモデルを「地域気候モデル」と呼んでいます。国内ではさまざまな研究機関や大学などで開発されています。

気象庁が二〇一三年に発表した「地球温暖化予測情報 第八巻」には、地域気候モデルによる、二一世紀末の日本の気候の予測がまとめられています。ここで使われたのは五キロメートル格子の地域気候モデルです。図5-1の右に、五キロメートルの解像度で表現される日本列島を示します(このうち、日本列島とその周辺のみが計算対象となっています)。このモデルは、気象庁において日々の天気予報や防災気象情報の作成に用いられ、高い予報精度が実証されている数値予報モデルをベースに、気象庁気象研究所で温暖化予測用に開発されたものです。

気象庁気象研究所では、世界全体を二〇キロメートルの格子でカバーする高解像度大気モデルも開発し、将来気候予測実験を行っています。まず、この全球高解像度大気モデルで将来予測実験を行ったあと、日本付近だけを五キロメートル格子の地域気候モデルでさらに空間的に詳細に予測実験を行います。また高解像度モデルでは、複数の全球気候モデルによる二一世紀末の海面水温の変化を、強制力として気候モデルに加える実験設定になっています。

将来の二酸化炭素排出シナリオとしては、ＲＣＰシナリオ（一〇六ページ以下を参照）の一つ前の世代にあたる排出シナリオ特別報告書（ＳＲＥＳ）シナリオにもとづいています。このシナリオはＩＰＣＣが二〇〇〇年に発表した温室効果ガスの排出シナリオです。ＲＣＰシナリオ同様、ＳＲＥＳシナリオにも、将来の経済発展等の考えうる経路に応じたいくつかのシナリオがあり、そのうち、Ａ１Ｂシナリオ（高度経済成長が続き、グローバリゼーションの進行により地域間格差が縮小、新しい技術が急速に広まる未来社会で、すべてのエネルギー源のバランスを重視すると想定）が用いられています。

このシナリオでは、二一世紀半ばまで排出量が増加し、ピークを迎えた後、緩やかに減少する経過をたどり、二一〇〇年ごろの大気中二酸化炭素濃度は約七〇〇ｐｐｍに達すると想定されています。このシナリオでの多くの全球気候モデルが計算した世界平均地上気温の上昇量は、最良の見積もりで二・八℃となっています。不確実性を考慮した可能性の高い範囲の上昇量は一・七〜四・四℃です。つまり、世界平均地上気温が約二・八℃上昇したときの、日本の気候を調べていることになります。

以下、その結果を見ていきましょう。

## 減る真冬日、増える猛暑日

日本の年平均気温は、世界平均より若干高めの、三℃程度の上昇が見られます。地上気温の上昇は地域によって一様ではなく、北日本ほど大きくなり、特に北日本太平洋側の最低気温が大きく上昇すると予測されています。この気温変化の地理的分布には、将来オホーツク海の海氷が減少することが効いています。

季節別では、すべての地域で冬の上昇が最も大きくなります。沖縄・奄美を除いて、全国的に三℃以上の上昇で、北日本や東日本の一部では三・五℃を超える上昇となるでしょう。夏の気温上昇は二・五℃くらいと、冬よりは〇・五〜一℃ほど小さい昇温になります。

一年を通して全体に暖かくなりますので、寒い日や夜が減少し、暑い日や夜が増えることが予想できます。

「一日の最低気温が〇℃未満の日」を冬日といいます。冬日は北日本を中心に各地域で減少します。もともと冬の気温が低い北海道では、日最低気温は上昇するものの、それでも〇

℃を下回る日が多く、東北地方に比べると冬日の減少日数は少ないでしょう。

「一日の最高気温が〇℃未満の日」を真冬日といいます。真冬日は、北日本を中心に各地域で減少し、特に冬の北日本では北海道を中心に大きく減少することになります。

「一日の最高気温が三五℃以上の日」が猛暑日です。猛暑日は東日本～沖縄・奄美にかけての各地域で増加する一方、北日本での増加幅は小さいでしょう。

熱帯夜（夕方から翌日の朝までの最低気温が二五℃以上になる夜）は夏から秋にかけて各地域で増加しますが、特に沿岸部など標高の低い地域で多く増加します。

### 大雨、短時間強雨

気温に比べて、将来、雨が増えるか減るかの予測は、気候モデル間の予測結果の差が大きく、特に、地域別の予測の不確実性は大きいです。

ＩＰＣＣの評価報告書では、世界的な降水量変化パターンとして、高緯度地域で増加する可能性が非常に高く、ほとんどの亜熱帯陸域では減少する可能性が高いと予測しています（第４章）。中国や韓国を含めた東アジアでの降水量は、夏季も冬季も増える可能性が高いと評価しています。日本付近では、夏季はおおむね降水量が増えると予測する気候モデルが多い一方、冬季は気候モデル間のばらつきが大きく、夏季に比べると結果の信頼性が低くなっています。冬季にはユーラシア大陸では降水量が増えますが、太平洋上では降水量が減る傾向があり、日本はその境目に位置し、気候モデルによっては増える、別の気候モデルでは減る、となっているようです。利用できるすべての気候モデルの平均では、北日本では降水量が増え、沖縄・奄美では減る傾向となっています。

気象庁の地域気候モデルによる予測では、年降水量が北日本で増加し、冬から春にかけては太平洋側で増加するとなっています。繰り返しになりますが、降水量予測の信頼性は低いことに注意してください。

大雨や短時間強雨については、日本のいずれの地域についても、強い雨の発生頻度が相対的に増加する傾向が現れています。これは、第4章で述べたように、気温が上昇して大気中の水蒸気量が増えることが原因と考えられます。総降水量では減少傾向が見られる地域でも、強雨による降水は増加しています。また、無降水日数も多くの地域で増加する傾向にあります。このことは、短い期間により強い雨が降るようになることを意味しています。

現在の平年の日本の太平洋側では、梅雨期と台風・秋雨期の二回、降水のピークがあります。西日本では六月下旬から七月にかけての梅雨期が、東日本では九月の台風・秋雨期のピークが最大になります。将来予測では、西日本の梅雨明け後の降水量の減少がやや不明瞭になりそうです。つまり、通常ですと、八月は太平洋高気圧に覆われて晴れる日が多いのですが、温暖化した将来の気候では、太平洋高気圧が南の海上にあり、日本付近はぐずついた天気の日が多くなります。そしてそのまま九月の台風・秋雨シーズンにつながっていきそうです。この推移は、二〇一四年の夏の天候に似ています。

## 都市化の影響

都市部での気温変化量や、特に、熱帯夜や猛暑日の日数が何日増えるかについては、地球温暖化の影響とともに、ヒートアイランド現象の影響を同時に考慮する必要があります。上記の気温変化量は、地球温暖化の影響のみを考慮した予測であり、ヒートアイランド現象の影響は考慮されていません。ただし、現在の観測される気温に、将来の変化分を足し合わせているので、現在すでに起こっているヒートアイランド現象の影響は考慮されていることになります。

都市化と地球温暖化の相対的な影響を調べるためには、将来の都市シナリオも必要です。首都圏において、土地利用の違いをシナリオ化し、現在の土地利用のままの場合と比べて、夏季のヒートアイランド現象がどう変わるかを調べた研究があります。

まず「分散型都市シナリオ」として、駅と住居を分散させ、自動車に依存した社会を仮定し、次に「集約型都市シナリオ」として、駅から一キロメートル以上離れた地域での住居を減らし、かつ自動車の利用を禁じた社会を仮定しています。シミュレーションの結果によると、夏季の夜間の気温は、分散型都市シナリオでは〇・三℃ほど高くなり、逆に集約型都市シナリオでは〇・一℃ほど低くなるようです。ただし、集約型都市では都心の昇温は大きくなります。土地利用の形態がヒートアイランド現象の分布と大きさを変えるということなので、都市や周辺の高温化を緩和させるヒントになるでしょう。

## 乾燥する都市

都市化は雨の降り方にも影響を与えていることが、最近の研究でわかってきました。都市化に伴い、地表面から緑地を減らして人工物やアスファルトなどで覆うことで、地表面付近を乾燥させます。

気象庁の「ヒートアイランド監視報告」では、一九三一年以降の各都市の相対湿度の長期変化傾向を解析しています。それによると、都市化の影響が比較的少ないとみられる一三地点(網走、根室、寿都、山形、石巻、伏木、銚子、境、浜田、彦根、多度津、名瀬、石垣島)の平均で、年平均の相対湿度が一〇〇年あたりに換算して六・七%減少していました。これに対し、東京は一七・七%など、都市化率の高い都市で大きく減少しています。都市化率と相対湿度の長期変化傾向にはよい相関関係があり、都市化率が大きくなるほど、相対湿度の減少率が大きい傾向が明瞭に現れています。東京では、一九三〇年代には七〇%台前半だった年平均の相対湿度が、二〇〇〇年代に六〇%程度になりました。

季節別では、湿度の減少率が大きいのは秋や冬です。一方、減少率が小さいのは夏、特に梅雨時期です。これは、梅雨時期では曇りや雨の日が多く、都市化の影響が現れにくいためと考えられます。それでも、東京では、夏季の相対湿度は一〇〇年あたり一三・四%減っています(冬季は二二・七%の減少)。

なぜ相対湿度が減少するのかを考えてみましょう。海上の水蒸気量は、おおむね気温上昇による飽和水蒸気圧の増加に応じて増加していると考えられます。その空気が海より気温上昇の大きい陸上に移動してくると、その場の飽和水蒸気量が増えるため相対湿度は減ることになります。また、都市域では植物が少なくなり、蒸発散が弱くなるため、水蒸気量が減少し、さらに相対湿度が減少することになります。

この都市域での相対湿度の減少は、雨を減らす方向に働きます。一方で、逆に湿度を上げるメカニズムも考えられます。都市化による昇温により、周囲に比べて気圧を下げることになります。すると、周囲からの水蒸気の収束が強まります。

両者を比較した研究によると、都市化の影響として、気圧が下がって周囲から都市域に水蒸気を集めてくる効果が、乾燥化による効果を上回り、都市域での雨を増やすことになるようです。

### 雪が減る

気温が上がるので、雪は雨に変わる、というのが一般に起こることです。

雲の中では、気温の高低により、水、氷、あるいは両者が混じり合っている状態です。日本ではおおむね氷になっていることが多いのですが、地上付近では気温が上がってくるため、雪として降ったり、雨となったりします。その境目の地上気温は、季節風の下で起こる日本海側で二〜三℃、主に低気圧でもたらされる太平洋側では一〜二℃です。ただし、相対湿度にも関係していて、湿っていると雨、乾いていると雪になりやすいのです。温暖化で雪が雨に変わるかどうかは、このしきい値を超えるかどうかが要因となってきます。

二一世紀末に約三℃気温が上がると、最深積雪は、ほとんどの地域で減少するでしょう。ただし北海道の内陸部などの寒冷地では、現在と同程度か増える地域もあると予測されています。

これには各地域における降雪量、気温、およびその変化が関係しています。気温上昇により大気中の水蒸気量が増加するため、温暖化しても十分に寒冷な地域においては降雪量が増加すると考えられます。北海道の内陸部では、降雪が積雪として持続するほど寒冷であるため、最深積雪も増加します。それ以外の地域では、それほど気温が低くなくなるため、降雪が降雨となって降雪量が減ります。また積雪が解ける時期も早くなり、これが最深積雪の減少に影響していると見られます。そのほかに、冬の季節風の強さがどう変わるかも、降雪量の変化に影響するでしょう。

本州の各地域では、最深積雪がピークとなる時期が、二一世紀の終わりごろには一ヶ月程度早まると予測されています。たとえば東日本日本海側で、現在二月末がピークですが、それが一月末に早まるでしょう。最深積雪はピーク時期のみならず積雪期間の始め・終わりにおいても減少しており、これは積雪期間が短くなるということを示しています。

雪は水資源として重要であるだけでなく、観光資源としても利用されています。災害をもたらす雪が減る一方で、利雪効果が大幅に減少していきます。

## 季節進行の変化

興味深い結果として、気温の季節進行に変化が予測されています。

北日本においては、一年で最も気温が高くなる時期が早まる傾向があります。

日本の気象に影響する小笠原高気圧や偏西風の位置(緯度)は季節によって推移し、冬には南側に、夏には北側に移動します。温暖化が進んだ日本の夏には、小笠原高気圧や偏西風の北上が弱くなり、梅雨明けが遅れることや、日本の東海上の太平洋高気圧が弱まり、オホーツク高気圧の影響を受けやすくなると考えられています。そのため、北日本の太平洋側にぐずついた天気(日照の減少など)をもたらす冷たい北東からの風、「ヤマセ」の発生回数が、八月を中心に増加することが予測されています。八月の天候がぐずつくことで、これらの地域では、一年で最も気温が高くなる時期が早まると考えられます。

また冬から春にかけては、もともと年々の気温変動が大きい季節です。そのため、冬場においては、温暖化が進行した将来においても、年によっては現在気候の平均気温と同程度に気温が低下することもあるでしょう。

## 2　異常気象の変化

### 台風が強くなる?

温暖化すると、より強い台風がやってくるのでしょうか。

日本やフィリピンに来襲する台風やアメリカに来襲するハリケーンは、ともに熱帯と亜熱帯の海上で発生する熱帯低気圧です。そのうち北西太平洋にあるものを台風と呼びます。北東太平洋や北大西洋ならハリケーン、インド洋ならサイクロン、と地域ごとに呼び名が違うものの、実体は同じです。

熱帯西部太平洋（および南シナ海、フィリピン海）は降水量の多い場所で、台風もそこで発生します。この海域で発生する台風の個数は、一年に平均で約二六個（これまでの最多は三九個、最少は一四個）です。日本に上陸した台風は同じく約三個（一番多く上陸したのは二〇〇四年の一〇個、二〇〇〇年／二〇〇八年など台風が上陸しない年もありました）、上陸しなくとも日本から三〇〇キロメートル以内に接近した台風は約一一個となっています。

台風が発生しやすい場所は、北緯一〇度から北緯二〇度にわたる、南シナ海からフィリピン海付近およびその東の東経一六〇度付近までの海面水温の高い海域です。季節にもよりますが、このうちフィリピン付近で発生した台風の多くは、東南アジアや中国に上陸し、その東方で発生すると日本に接近しやすい傾向があります。さらに東側で発生した台風は、日本の東海上を北上する傾向があります。

地球温暖化の影響で、台風の発生域はどのように変わるのでしょうか。多くの気候モデルの将来予測結果を解析した研究によると、温暖化した将来の気候下では、熱帯太平洋の海面水温と降水のパターンが変化し、降水量の多い場所が今より東へ移動すると予測されています。台風の発生場所も同様に、いま最も台風の発生しやすいフィリピンの東方海上を中心にして、その東側で増え、西側で減ることになりそうです。

気象庁気象研究所の全球二〇キロメートル格子大気モデルでは、台風をよく再現できるようになりました。このモデルによると、今世紀末には、(1)台風の活動最盛期である七月から一〇月の期間に台風の存在頻度が顕著に減少する、(2)台風経路は東へ偏る、(3)東南アジア沿岸域への接近数が顕著に減少する、(4)最大風速で見た台風の強度は増加する、と予測されています。

つまり、台風全体の数は減るものの、強い台風は増えるだろうという予測です。温暖化により、大気中の水蒸気量は増えますから、台風のもたらす大雨が増えるでしょう。

## スーパー台風

二〇一三年一一月にフィリピンに上陸し、高潮などで多大な被害をもたらした台風ハイエンは、上陸時の中心気圧が八九五ヘクトパスカル、中心付近の風速六五メートル、最大瞬間風速九〇メートルを超えるスーパー台風でした。スーパー台風とはもともとアメリカで使われている用語です。風速毎秒六七メートル(日本の方式に換算すると五九メートル)を超える台風で、ハリケーンのカテゴリー五(最強クラス)に相当します。

日本に過去上陸して大きな被害をもたらした台風としては、室戸台風(一九三四年)、枕崎台風(一九四五年)、狩野川台風(一九五八年)、伊勢湾台風(一九五九年)、第二室戸台風(一九六一年)などがあります。これらは上陸時の中心気圧が低く風速も強い台風でしたが、日本の南海上にあるときに最盛期を迎えており、上陸時にはやや衰えていました。それでも、当時の防災能力の低さのために大きな被害が出ました。

日本上陸時に台風が衰えるのにはいくつかの要因があります。そのうちで最も重要なのが海水温です。台風のエネルギー源となるのは、暖かい海から蒸発してくる水蒸気です。そもそも台風は海水温があるしきい値を超えた海域でしか発生しません。日本付近に台風がやってくると、海水温が下がって、強い勢力を維持できなくなるのです。

しかし温暖化でこれらの条件が変わってきます。日本のすぐ南の海水温が上がることにより、台風ハイエンのようなスーパー台風が、衰えずに強度を保ったまま、上陸してくることが起こるかもしれません。

## ブロッキングとエルニーニョ現象

第2章2節で紹介した、異常気象をもたらすブロッキングとエルニーニョ現象はどうなるでしょうか。

日本の上空を一年中吹いている偏西風は、ときおり大きく南北に蛇行することがあり、この蛇行が持続する状態がブロッキング現象です。ブロッキングが起きると、気温や降水が平年とは異なる状態が続きます。

気候モデルを用いた実験では、温暖化した将来にブロッキングの起こる頻度は減ると予測されています。特に持続期間の長いブロッキングが起きにくくなるようです。その原因として、偏西風が将来はより強くなるためとされていますが、まだ確実なことではなく、研究が続いています。

温暖化した地球で、エルニーニョ現象がどう変わるのかは予測が困難な問題です。そもそも気候モデルによるエルニーニョ現象の再現性には大きなばらつきがあります。また温暖化によってエルニーニョ現象の振幅が大きくなるのか小さくなるのかについても、気候モデルごとにまちまちではっきりした予測を示すことはできません。

しかしながら、温暖化してエルニーニョ現象がなくなることはなく、温暖化した地球でも、エルニーニョ現象が大気の年々変動をもたらす最大の要因の一つであることは確からしいと考えられています。エルニーニョ現象に伴って地域的に特徴的な気温や降水量の偏差が起きることが知られていますが、大気中の水蒸気量が増加することによって、エルニーニョ現象に関連する降水変動が強まる可能性が高いでしょう。

## 異常気象は増えるか

異常気象は気候のゆらぎという普遍的なことなので、温暖化した世界でも起こることは確実です。極端な現象の種類、出現頻度、強度は変化するでしょう。特に、将来の温暖化した気候では、熱波がより厳しく、より頻繁に、より持続期間の長いものとなる危険性が増大します。また、降水は集中してより激しくなるとともに、その間のほとんど降水のない期間が長くなる傾向があります。このため、長びく比較的乾燥した期間の合間に激しい豪雨が散在することになるでしょう。気温が上がるため陸上では蒸発が増え、地面はより乾燥する傾向になります。土壌が乾くとさらに気温が上がるため、二〇〇三年のヨーロッパの熱波のような異常気象がより頻繁に起こる可能性がでてきます。現在の異常気象の程度と比べて、強度が強くなると考えて、対策を立てる必要があります。

# 第6章　気候のティッピングポイント

# 1　気候が不安定になるとき

## 気候システムが変化する時間

気候システムを構成する大気、陸面、海洋、氷床などが、外部からの作用の変化に応じて、温度や状態を変える時間スケールは、それぞれに異なっています。大気や地表面の温度は、地域的には一日の中で一〇℃以上も変わることがありますが、それらに比べて海洋の温度変化はゆっくりで、海洋全体が応答する時間スケールとなると数百年以上と、相当長いものです。氷床が応答する時間スケールは数千年にもなります。

海洋は熱を吸収する容量が非常に大きく、表面と深層との間でゆっくりと混合しています。大気中の温室効果ガス濃度やエーロゾル量が変化して放射強制力が変化した場合、海洋全体が暖まり、新しい放射強制力との平衡に達するには数世紀かかるでしょう。それまで、海洋表層や大陸は、新しい放射強制力と平衡する表面温度に達するまで、変化し続けます。温暖化時に海洋の表層から深層へと熱が輸送される時間スケールも長いため、熱膨張に起因する海面水位上昇が何世紀にもわたって継続するのです。

## 二酸化炭素の寿命

では、大気中に放出された二酸化炭素の寿命はどれくらいでしょうか。

工業化が始まってから(一七五〇年から)、二〇一一年までの人為起源の二酸化炭素総排出量は、炭素換算で約五五五〇億トンと見積もられています。その三分の二にあたる三七五〇億トンが、化石燃料の燃焼やセメント生産からの二酸化炭素の排出であり、また残りの三分の一にあたる一八〇〇億トンが、森林伐採やその他の土地利用の変化で大気中に放出された二酸化炭素です。

この二酸化炭素すべてが大気中に残留しているわけではありません。大気中に残留しているのは排出された分の約四〇%で、残りは海洋や陸域生物圏で吸収されました。海洋に吸収された量は一五五〇億トンで、自然の陸域生態系が一六〇〇億トンを蓄積したと見積もられています。

現在でも、大気から海洋や陸域生態系へと、二酸化炭素の移動は続いています。言い換えると、地球の気候システムにおいて、二酸化炭素の循環は平衡状態にはないということです。ある時に人間活動で大気中に放出された二酸化炭素の約半分は、数十年で大気から取り除かれます。しかし残りの部分は、はるかに長い間、大気中に残留します。ある時に大気中に放出された二酸化炭素のおよそ一五〜四〇%は、一〇〇〇年後もまだ大気中に存在していると見積もられています。

したがって、今、二酸化炭素の排出が完全にストップしたとしても、私たちの社会が存続する時間スケールで、もとの工業化以前の水準に戻ることはない、と言えます。過去の二酸化炭素の排出によって起こった濃度の増加は、排出をゼロにした後も長い間持続し、何世紀にもわたってほぼ同じ程度の濃度が保たれるでしょう。

## 急激な気候変化

気候システムは決して常に安定なものではありません。過去の気候変動の中には、急激で大規模な変化が現れたことがあります。気候システムが不安定化し、容易に元に戻らない不可逆な変化が起こったと考えられています。

ここで「急激な」とは、およそ数十年以内で起こることを指します。また、ある気候状態から別の気候状態に変わった後、自然のプロセスで元の状態に戻るには、顕著に長い時間(ここでは数百年~数千年)がかかるときに「不可逆」といいます。

### ティッピングポイント

ある気候状態から別の気候状態に変わるに際して、ある臨界しきい値が考えられるときに、ティッピングポイントということがあります。気候システム内の何かの状態がこの臨界しきい値を超えたとたんに、気候システムの急激な変化が始まる、という考えです。ティッピングポイントのある現象は、しばしば不可逆です。

グリーンランドの氷床コアや北大西洋の海底堆積物などの多くの古気候代替指標から、局地的な温度・風系・水循環がわずか数年程度で急速に変化し、その後長期間持続したことが明らかになっています。このような世界各地の記録を比較することによって、半球から全地球規模で気候に大規模な変化があったことがわかります。例えば、最終氷期に起こった急激な温暖化と寒冷化（ダンスガード・オシュガー・イベント）や、間氷期に差し掛かった時期の急速な寒冷化（ヤンガー・ドリアス・イベント）が知られています。

このような急激な気候変化は必ずしも地球全体にわたるものではなく、原因は外部からの強制力の急変には帰せられません。むしろ気候システム内部の強制のためフィードバックの抑制が効かなくなり、あるしきい値を超えた現象と考えられます。いったん超えてしまうと容易に元へは戻らない（不可逆な）現象です。

同様の不可逆な変化が起こる可能性が議論されているのは、大西洋の大規模な南北循環（子午面循環）の弱まり、北極域の海氷の消滅、グリーンランド氷床の崩壊、アマゾン森林の消失、モンスーン循環の弱まりなどです。

不可逆といっても、強制力がなくなれば数年から一〇年程度で元へ戻るもの、数百年はかかるもの、数千年は元へ戻らないものがあります。北極海の海氷は可逆性があると考えられていますが、氷床の崩壊などは不可逆と考えられています。

これらの急激な気候変化が将来、温暖化の結果、現れるのでしょうか。

## 2　ティッピングポイントは来るのか

### 大西洋子午面循環

映画の題材にもなり、急激な気候変動をもたらすとして広く関心を持たれているのが、大西洋子午面循環の弱まりと、メキシコ湾流の停止の可能性です。

世界の海洋の深層循環を駆動している大元が、大西洋子午面循環です。まず、大西洋北部のグリーンランド海・ノルウェー海・アイスランド海で、塩分濃度の高い表層の海水が冷やされ、さらに密度が高くなって深層まで沈み込みます。もともとこの表層水は、蒸発が盛んなため塩分濃度の高くなった亜熱帯海域から、メキシコ湾流によって運ばれてきたもので、両者を合わせて子午面循環と呼びます。暖かいメキシコ湾流は、北大西洋で沈み込む水を補うように流れてきます。

北大西洋で沈み込んだ深層水は、大西洋の底層を南下し、南極付近まで至ります。そこから東に流れ、インド洋や太平洋で表層へと浮上してきたあと、大西洋へと戻ります。このようにして世界の大洋スケールの循環が形成されているのです。

北大西洋では、子午面循環によって効果的に、低緯度から高緯度へ熱が運ばれています。そのおかげでヨーロッパは、同じ緯度帯にあるユーラシア大陸東部や北アメリカ東部と比べて温暖な気候になっているのです。

## 最終氷期の急変動

大西洋子午面循環の変動が、過去に急速な気候変動を引き起こしたと考えられている例があります。

グリーンランドの氷床コアから得られた気温の代替指標から、最終氷期にはしばしば、数年から一〇年の時間スケールで気温が一〇℃以上も上昇する急激な温暖化（局地的な温暖化で、世界的に気温が一〇℃も上昇する訳ではありません）をした後、数百年以上かけてゆっくりと寒冷化するというイベント（ダンスガード・オシュガー・イベント）が二〇回以上も起こったことがわかっています。これは大西洋子午面循環の変動により、南北両半球間の熱の交換が変わったためと考えられています。

また、最終氷期最盛期から間氷期に向かう途中の一万二九〇〇年前には、ヤンガー・ドリアス・イベントと呼ばれる急激な寒冷化が起こりました。温暖化する途中で、急激な「寒の戻り」が起こったのです。

その原因は次のように考えられています。最終氷期が終わり、北アメリカを広く覆っていたローレンタイド氷床は縮小していきました。その解け水により、現在の五大湖よりも大きなアガシー湖という氷河湖ができ、アガシー湖の水はミシシッピー川を通してメキシコ湾に流れ込んでいました。ローレンタイド氷床がさらに縮小・後退すると、それまで氷床でふさがれていたセントローレンス川から北大西洋へ水が流れる流路が開通します。するとアガシー湖の水が北大西洋へ流れ込むようになり、塩分を含まない密度の小さい真水が北大西洋の表層を覆います。すると海水が沈み込まなくなり、それまで続いていた大西洋子午面循環は急激に弱まることになります。そのため、南北の熱の交換も弱まり、ヨーロッパは氷期の寒冷な気候に逆戻りしてしまったというわけです。このイベントは、数十年かそれより短い時間で起こったようです。

## 子午面循環が止まるか

将来、この大西洋子午面循環の急激な弱まりが起こるかもしれないと心配されています。もし北大西洋表層において、温度上昇または塩分濃度低下のために海水密度の大きな低下が持続すれば、すべての気候モデルで、深層循環のさらなる弱まり、または完全な停止が起こりうると予測されています。そうなると大西洋だけではなく、全世界的に大規模な影響を及ぼします。

問題は、人間活動の影響が、深層循環の変化を引き起こす引き金となるのかどうかです。温暖化によって降水量が増加すれば、北大西洋で降水量が増加するとともに、大陸から河川によって北大西洋に流入する淡水が増加します。また陸氷が融解してさらなる淡水が供給され、表層水の塩分濃度はさらに低下します。これらの効果によって、二一世紀中に深層循環が弱まるでしょう。

気候モデルの予測では、二一世紀末までにほとんど変化がないという予測から、五〇%以上弱くなるという予測まで、大きな幅があります。ただし、二一世紀中に深層循環が急激に弱まったり完全に停止すると予測している気候モデルはありません。氷床の解け水が貯まったアガシー湖のような大量の淡水の供給源がないからです。

では、さらに将来には、人間活動による温暖化が原因で、深層循環が停止し、ふたたび氷河期になるのでしょうか？　現在の知見では、仮に深層循環が弱くなるとしても、それによる冷却効果よりも、温室効果ガス増加による温暖化の影響が大きく上回るために、ヨーロッパでも昇温が続くとみられています。温暖化が引き金となって氷河期に至ることはありません。

## グリーンランド氷床と南極氷床は融解するか

急激な気候変化として広く議論されているもう一つの例は、グリーンランド氷床や西南極氷床の急速な崩壊です。

氷床の大きさは、降雪が融解を上回って成長するプロセスと、氷端で海に流出するプロセスのバランスで決まります。これらがバランスした状態では、氷床は一定の質量に保たれます。温暖化などにより、そのバランスが崩れると、氷床が後退し始めます。すると、氷床の表面の標高が低くなり、表面の気温が高くなることで、さらに融解が進みます。これは正のフィードバック機構です。

北半球高緯度の温暖化は、グリーンランド氷床の融解を加速しています。水循環が強まって降雪量は増加しますが、それによってもこの融解量を相殺することはできないと考えられています。その結果、グリーンランド氷床は、今後数世紀で大きく縮小するかもしれません。

グリーンランドの気温がある温度を超えると、氷床が完全な消滅に向かうという、しきい値が存在するという研究例もあります。そのしきい値は、世界平均地上気温上昇量で一℃と四℃の間にあるようです。二酸化炭素排出シナリオによっては、二一世紀中にこの温度を超える可能性があります。もしそうなったら、グリーンランド氷床は一路消滅に向かうことになるのでしょうか。しかし、世界平均海面水位を約七メートル上昇させるほどの大きさを持つグリーンランド氷床全体が融解するのはゆるやかなプロセスのため、完全に融解するとしても、多くの世紀を経た後になるでしょう。

西南極氷床の地盤は海面下にあります。また、氷床の末端は棚氷となって海に突き出しており、棚氷の下は海水が入り込んでいます。棚氷はまた、上流側の氷床が海に滑り落ちるのを防ぐ役割も果たしています。海水が暖まると、棚氷が崩壊し、氷床の流出が加速的に起こる可能性があります。西南極氷床全体の安定性が懸念されていますが、このような現象を予測するための定量的な情報は得られていません。

## 永久凍土が温暖化を加速するか

北半球のアラスカ、カナダ、シベリアやチベット高原は、年平均気温が〇℃以下の地域で、永久凍土が存在しています。永久凍土にはメタンハイドレートが含まれているので、永久凍土が融解すると、強力な温室効果ガスであるメタンを大気中に放出し、温暖化を加速するかもしれません。しかし、永久凍土が解けるときに土壌中で起こるプロセスについてはよくわかっていません。そのため、定量的な予測はいまのところ不可能です。

## アマゾンの森林は枯渇するか

アマゾンなどの熱帯の森林が、気候変動の結果枯渇するかどうかも不確実です。降水量が減少し、干ばつが続くことにより、森林が枯渇する可能性は考えられます。温帯域にある森林についても同様に不確実です。気温上昇によって影響を受けることは否定できませんが、結果の予測は困難です。

## 北極の海氷は消滅するか

北極域の海氷面積は減少を続けており、年平均で一〇年あたり四％ほど減少しています。高位参照シナリオでは、今世紀半ばまでに、海氷が最小となる九月の北極海で、海氷がほとんどなくなる可能性が高いと予測されています。

夏の北極海の海氷の減少は、すでにティッピングポイントを越してしまったとの考えもあります。ただし、観測年数は短いことや、気候システム自体に年々スケールや一〇年スケールの変動があることを考えると、結論づけるのは困難でしょう。

なお、海氷の現象は不可逆ではなく、気温が下がれば数年から数十年で元の海氷の状態に戻ると考えられます。

## ティッピングポイントの確信度は低い

本章で示した急激な気候変化は、過去に起こったことが知られているものの、今世紀中に起こるかどうかについてはわからないというのが実際です。ＩＰＣＣの報告書では、これらの現象については、「一般には確信度は低く、二一世紀にそうした現象が現れる可能性についての合意はほとんどない」としています。

なぜなら、これらの急激な気候システムの変化のメカニズムが完全にわかっているわけではなく、そのためのモデリングもできていないからです。第3章で述べた古気候の研究は、気候変動のメカニズムを明らかにしていくことによって、地球の未来を予測するためにも重要になっています。

# 第7章　気候変動の影響

## ──緩和策と適応策

地球の気候は、人類が経験したことのない領域へと急速に移りつつあります。二〇世紀後半から顕著になった大気と海洋の温暖化は、二一世紀も進行していくでしょう。海面上昇は海抜の低い島国などをすでに脅かし始めており、異常気象と呼ばれるような極端な気象にも影響が現れ始め、温暖化の影響は生態系にも及んでいます。今後は、世界にさまざまな影響が広がっていくと予想されています。

ＩＰＣＣの第五次評価報告書では、本書でこれまで紹介してきたような将来気候の予測のほかに、環境や人間社会に対する地球温暖化の影響を予測し、それを緩和するさまざまな手段について検討しています。

本章ではまず、顕在化してきた地球温暖化の影響と将来のリスクについて紹介し、次にその対策について述べます。対策として、温暖化の程度を和らげる緩和策、そして温暖化の悪影響を防いだり軽減するための適応策があります。最後に、積極的に気候を改変して温暖化を緩和する気候工学の現状について触れます。

## 1　すでに生じている影響、予想される影響

ここ数十年、地球上のすべての陸地や海洋において、気候変動が自然生態系および人間社会に影響を与えていることが明らかになってきています。

### 水循環

人間は長い間、生活用水や農業用水、あるいは工業用水といった水資源の確保に苦労してきました。大きく変動する自然の水循環を利用しつつ、治水や灌漑を行い、住環境を整備し、用水を確保してきたのです。

多くの地域において降水量が変化し、また氷や雪の融解が水循環を変化させています。

ほぼ全世界中で氷河が縮小し続けており、下流域の水資源に影響を及ぼしています。高緯度地域や標高の高い地域では、永久凍土の温度上昇や融解を引き起こしています。

日本では、一九七〇年代以降、多雨の年と少雨の年の降水量の変動の幅が大きくなっています。特に、四国を中心とする西日本、東海、関東地方で、河川流量が減って渇水が発生しています。水資源は量だけでなく、質も重要な要素です。河川や湖沼の水温が上昇し、アオコが発生するなど水質の悪化に影響している可能性があります。また一日の降水量が二〇〇ミリメートル、あるいは時間降水量が五〇ミリメートルといった大雨や強雨の発生回数が増加し、記録更新があいついでいます。

このことは、河川の治水安全度が低くなっていることを意味しています。たとえば、これまでの平均で「一〇〇年に一度の大雨にも耐える堤防」であっても、大雨の強度が高まっているため、洪水のリスクが増大している（安全度が下がっている）のです。そもそも治水計画の目標に対して、施設整備の達成度は六割といわれており、その上で大雨の程度が増えると予測されるわけですから、その分も加味した対策が必要になります。

## 自然生態系

過去の気候変動は生態系に重大な影響をもたらし、しばしば種の絶滅を引き起こしてきました。地球史上、数回の大量絶滅事件が知られており、大規模な環境変動によって種の何十％もが絶滅したと推定されています。大量絶滅ほどでなくても、過去数百万年の間に、気候変動により重大な生態系の遷移や種の絶滅が起こったことが知られています。

現在進行中の気候変動の気候変動（地球温暖化）と過去の気候変動との大きな違いは、気候変動のスピードです。生物は、気候変動に対応して、生息域や季節的活動などを変えて適応します。しかし一〇〇年間で気温数℃といった変化は、地球の歴史からするときわめて急激であり、このスピードが、生態系が応答できない状況を作り出しています。

日本では、筑波山で落葉広葉樹が減少し、温暖な地域に分布する常緑広葉樹が増えているなど、植生の変化が観察されています。また、ニホンジカやイノシシなど野生哺乳類の分布が拡大したり、昆虫類の分布が北上していることも確認されています。海水温の上昇によるサンゴの白化、魚介類が集まる海中の藻場の消失・北上なども指摘されています。ただし野生哺乳類の生息地変化には、人口構成や居住地の変化からくる林業形態の変化が影響している可能性があるなど、自然生態系の変化は気候変動以外の人間活動の影響を強く受けており、すべてを気候変動に帰することはできません。

## 農作物

植物は、光合成により大気中の二酸化炭素を原料として体をつくります。大気中の二酸化炭素濃度の上昇は、光合成を活発にし、作物の収量を高めるプラスの効果(施肥効果)があります。また、温度の上昇によって作物の生育期間が短縮する一方で、高温障害、品質低下などのマイナスの影響も生じます。いろいろな地域の各種の作物についての研究によれば、マイナスの影響の方が、プラスの影響よりも大きいと見られています。

主に高緯度地域では、農作物にプラスの影響があるとの報告がありますが、農作物全体への影響がプラスかマイナスかはまだ明らかになっていません。主要四農作物(小麦、大豆、コメ、トウモロコシ)については、気候変動は、麦やトウモロコシに対し、大豆やコメに比べて、より大きなマイナスの影響を及ぼしていると報告されています。

日本では、記録的な高温の年に、米の内部が白く濁る白未熟粒が発生し、米の品質が低下した例があります。高温だった二〇一〇年の水稲の一等米比率は全国平均で六二%と、それまでの年から大きく低下しました。また、夏季の高温・少雨は、強い日射と高温で果樹の日焼けを生じて品質を悪化させ、家畜の死亡といった畜産分野での被害も生じました。
コメの収量の将来予測に関しては、日本の北と南では異なり、北海道では増収、南西日本では現状と変わらないが、気温上昇値が大きいと減収になると予測されています。

## 人間の健康

現在のところ、気候変動による人間の健康障害への直接の影響は、他のストレス要因に比べて相対的に小さいようですが、十分に定量化されていません。しかし、一部地域では暑熱に関連する死亡率が増加し、寒さに関連する死亡率が減少してきています。地域によっては、気温や降雨量の変化が、蚊・ダニ・ネズミといった生物の分布を変え、それらの生物が媒介する感染症のリスクを変化させたり、水を媒介とする病気(コレラなどの下痢症)の分布を変えています。

日本では、熱中症による死亡者数は増加傾向にあります(図7-1)。環境省の資料(「熱中症環境保健マニュアル」)によれば、一九九三年以前は年平均六七人だったのが、九四年以降急増し、記録的な猛暑となった二〇一〇年には、一七四五人と過去最多の死亡者数となりました。

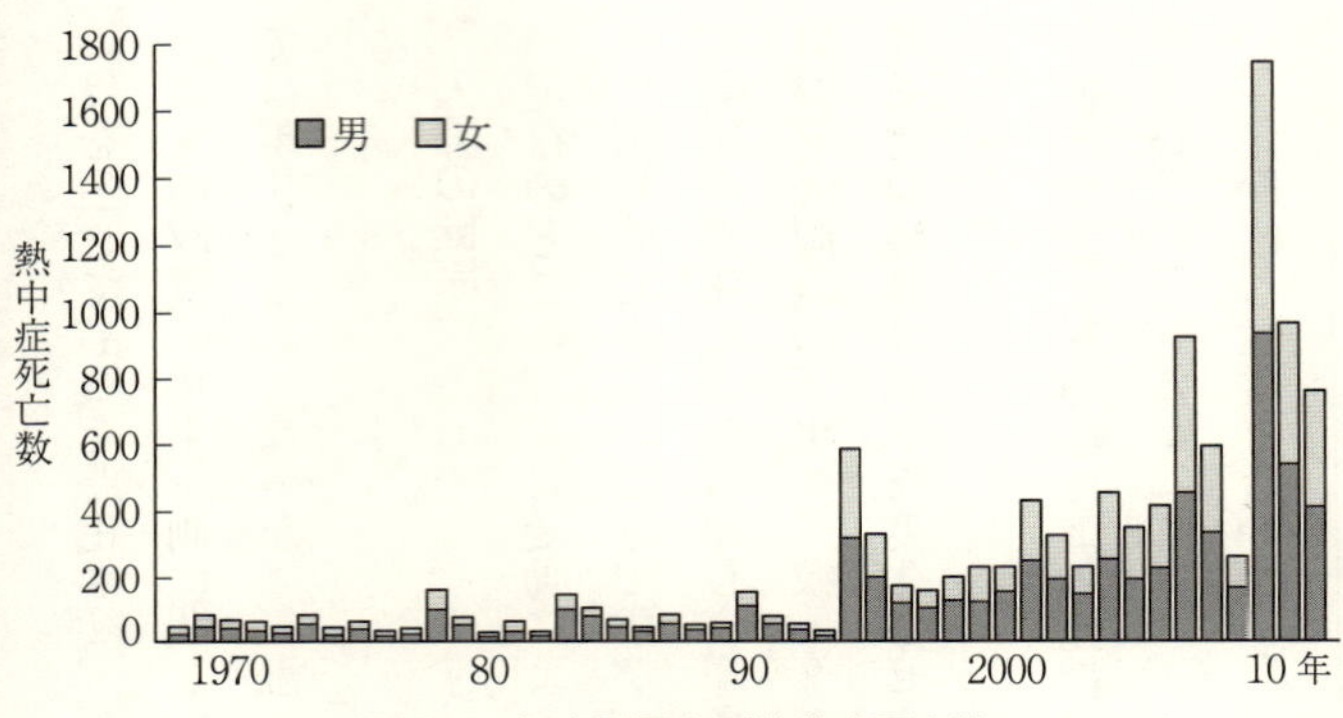


図 7-1　年次別男女別熱中症死亡数
（環境省「熱中症環境保健マニュアル 2014」より）

都市域では、地球全体の気温上昇に加えて、ヒートアイランド現象により、周辺地域より高温になっていることも要因の一つと考えられます。

将来の夏季の気温の上昇は熱波の程度と頻度を増やすため、熱ストレスによる死亡数や熱中症が増えるでしょう。シナリオにもよりますが、熱ストレスによる死亡数が今世紀半ばに二倍になるとの予測があります。

二〇一四年夏に約七〇年ぶりに国内感染が確認され話題となったウイルス性の熱帯伝染病デング熱は、ヒトスジシマカにより媒介されます。この蚊の分布は、年平均気温一一℃以上の地域とほぼ一致しており、その分布域は徐々に北上しています。一九五〇年ごろは関東地域までの分布でしたが、いまでは東北地方北部にまで達しており、二一世紀末には北海道の一部まで広がると予測されています。

### 気象・気候の極端現象

熱波、干ばつ、洪水、台風、山火事など（ハザード）の頻度が高まり、生態系や人間社会に対して、影響を与えています。具体的には、食料生産や水供給の断絶、インフラや住居の損害、罹病率や死亡、精神的健康と人間の福祉への影響が挙げられています。

日本では洪水による浸水面積は年々減少傾向にありますが、これは治水対策の進展のためと考えられます。一方、浸水面積あたりの被害額は増加傾向にあります。堤防が破堤する河川からの洪水とは別に、豪雨時に雨水を排水しきれずに氾濫する内水被害が増加しています。また大雨や短時間強雨の増加に伴って、土砂災害や深層崩壊が増加傾向にあるようです。

### 不平等・貧困

気候変動とは直接の関係のない、社会的・経済的な不平等が、ハザードに対する脆弱性と暴露の差異を生み、リスクの差異をもたらしています。このような差異は、適応策に対しても生じます。

社会の主流から取り残された人々は、地球温暖化の影響や一部の適応策に対して特に脆弱です。こうした不平等には、ジェンダー（男女の社会的性差）、階級、民族性、年齢、生活や職業などの能力と障害にもとづく差別が含まれます。地球温暖化のハザードは、特に貧困の中で生活する人々にとって、しばしば生計にマイナスの影響を与え、他のストレス要因を悪化させます。作物収量の低下や住居の崩壊を通じて直接的に影響を与えるほか、例えば食料価格の上昇や食料不足を通じて間接的に影響を与えます。

暴力的紛争

社会的・経済的脆弱性が暴力的紛争を生じさせ、暴力的紛争はまた気候変動に対する脆弱性を増大させます。大規模な暴力的紛争は、インフラや制度、自然資源、社会資本、および生計の機会など、適応を促進する資産を害する結果をもたらすことになります。

懸念されるリスク

一九九二年のリオ「地球サミット」で採択された「気候変動に関する国際連合枠組条約」の究極的な目的は、「気候系に対して危険な人為的干渉を及ぼすこととならない水準において大気中の温室効果ガスの濃度を安定化させること」とされています(条約第二条)。「人為的干渉」と表現されているのが、人為起源の気候変動です。その影響が「危険な人為的干渉」に当たるかどうかは、リスク評価と価値判断の両方からの考察が必要です。

ＩＰＣＣは、懸念されるリスクとして以下の五つを挙げています。それぞれのリスクの程度として、非常に低い、低い、中程度、高い、非常に高い、の五段階で表現しています。これらは影響の程度が大きいこと、起こる確率が高いこと、不可逆であるかどうか、影響のタイミング、リスクの影響する脆弱性や暴露が持続するかどうか、適応や緩和によりリスク低減の可能性が限られているかどうか、といった基準で判断されます。

### 脅威にさらされている独特な生態系や文化

地球上には、存続の危機にさらされている希少な生態系や独特の文化などがあり、すでに気候変動によるリスクに直面しているものもあります。深刻なリスクに直面する生態系や文化の数は、世界平均一℃の気温上昇でも増加します。サンゴ礁など適応能力が限られている生態系は、世界平均二℃の気温上昇で非常に高いリスクにさらされます。北極の海氷も、そのようなリスクにさらされています。

## 極端な気象現象

熱波、極端な降水、沿岸洪水のような極端現象による気候変動に関連するリスクは、すでに中程度のリスクとなっています。さらに一℃の気温上昇で高いリスクとなるでしょう。極端な暑熱などの極端現象に伴うリスクは、気温が上昇するにつれてさらに高くなります。

## 不利な条件下の人々

リスクは均一に分布しているわけではなく、どのような発展段階の国であれ、一般的に不利な条件におかれた人々やコミュニティほど多くのリスクを抱えています。特に作物生産への気候変動の影響は地域によって異なり、一部ではすでに中程度のリスクが存在しています。地域的な作物収量や水の利用可能性が減少すると予測されており、不利な条件下の人々へのリスクは二℃以上の気温上昇によりさらに大きく増大します。

## 世界全体への影響

地球の生物多様性および世界経済全体への影響についてみると、現在から一〜二℃の気温上昇によるリスクは中程度です。三℃またはそれ以上の気温上昇では、生態系由来の商品・サービスの損失を伴う広範囲に及ぶ生物多様性の損失が起こり、リスクが高くなるでしょう。

## 大規模な特異事象

温暖化の進行に伴い、いくつかの物理システムあるいは生態系が急激かつ不可逆的な変化のリスクにさらされる可能性があります(第6章参照)。

暖水サンゴ礁や北極生態系は、どちらもすでに不可逆な変化が起こりつつあるという観測があり、現在から一℃未満の気温上昇では、そのようなティッピングポイントに関連したリスクは中程度になっています。

気温上昇が一〜二℃になるとリスクは増加し（その程度は現象によりまちまち）、三℃を超えると、大規模かつ不可逆的な氷床消失により海面水位が上昇する可能性があるため、高いリスクとなります。

## 気候変動のリスクとは

これまで「ハザード」「リスク」といった言葉を特に定義せずに使ってきましたが、ここで考え方を整理しておきましょう。

リスク（危険性）は、気象・気候に関連する「ハザード（災害外力）」、「暴露」、「人間および自然システムの脆弱性」の組合せによってもたらされます。図7-2の中央は、これら三者の関係を示しています。周辺には、それぞれの構成要因を示しています。

ハザードとは一般に、人、生物、資産などに悪影響を及ぼしうる物理現象のことです。地球温暖化のケースでは、熱波、干ばつ、大雨による洪水、台風による強風や高潮、山火事と

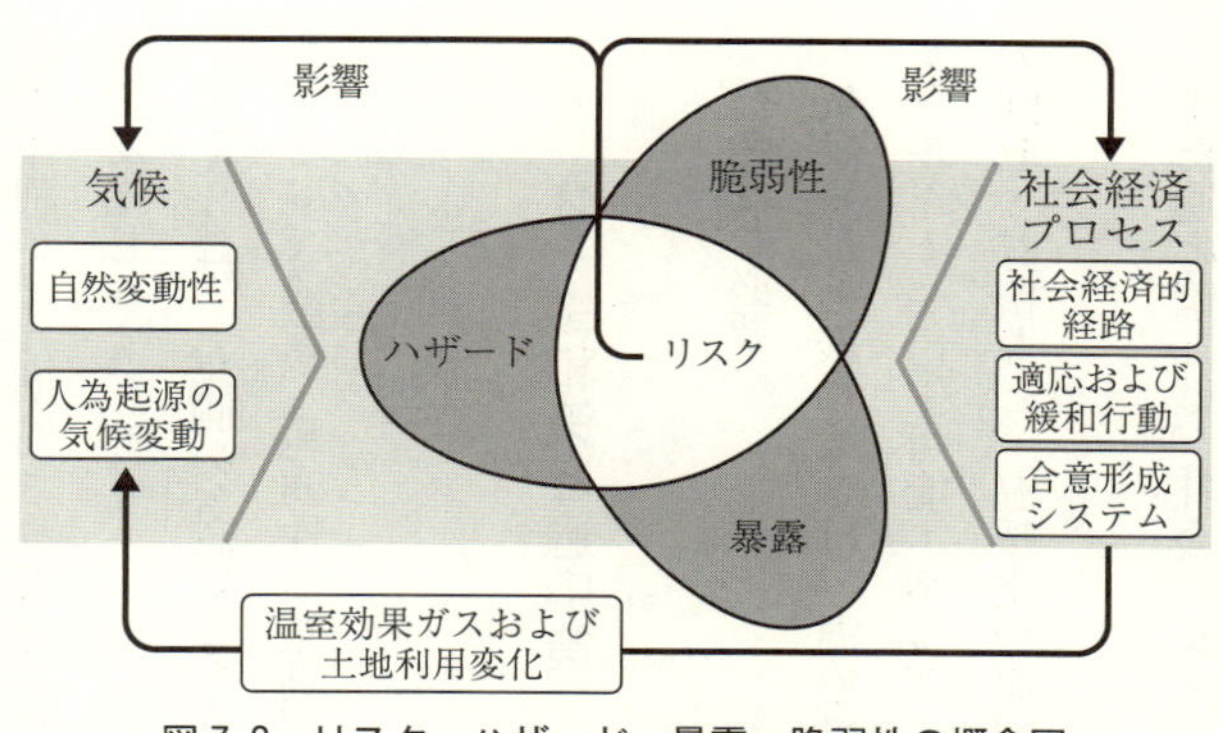


**図 7-2　リスク，ハザード，暴露，脆弱性の概念図**
（IPCC 第 5 次評価報告書より）

いった現象を意味します。

暴露とは、悪影響を受けうる状況に、人、生物、資産などが曝されることを意味します。具体的には、高潮・洪水や土砂崩れの影響を受けやすい土地に多くの人が住んでいるとか、干ばつの影響を受けやすい場所に農地があるとかいったことを意味します。ハザードが起こっても、影響を受ける人・生物・資産などが存在しなければリスクはないという考えです。どこに人が住むかをはじめとして、暴露の大小は社会経済的な要因で変化します。

脆弱性とは、悪影響の受けやすさ（危害に対する感受性）やハザードに対処する能力の欠如などを意味します。たとえば、高潮が襲ってきたときに被害を受けるかどうかは、海岸をどう守っているか、また、避難体制がどう準備され実行されるかに依存します。したがって、脆弱性も社会経済的な要因で変化します。

図7-2は、左側の気候システムと、右側の適応と緩和を含む社会経済プロセスの変化が、ハザード、暴露、脆弱性の駆動要因となることを示しています。

## 2 緩和策と適応策

### 組合せが必要

気候変動の緩和策とは、温室効果ガス排出を抑制することや削減するための対策です。省エネルギーや再生可能エネルギーの導入、森林などの二酸化炭素の吸収源対策、二酸化炭素の回収・貯留など、温暖化の原因となる強制力を減らし、温暖化を緩和しようとするものです。

また適応策とは、社会のシステムを再構築することを通して、気候変動から受ける影響を軽減しようとすることです。渇水対策、治水対策、熱中症予防、感染症対策、農作物の高温対策、生態系の保全など、さまざまな影響に対する対策があります。

二〇〇七年のＩＰＣＣ第四次評価報告書では、「最も厳しい緩和努力をもってしても、今後数十年の気候変動の更なる影響を回避することができないため、適応は特に至近の影響への対応において不可欠」と述べています。つまり、今後数十年の温暖化は、いかなる緩和策をもってしても不可避で、適応策が必要という認識です。気候変動の影響はすでにいくつかの分野で現れてきており、「待った」が利かない状況です。

さらに第五次評価報告書では、「現行を上回る追加的な緩和努力がないと、たとえ適応があったとしても、二一世紀末までの温暖化は、深刻で広範にわたる不可逆的な世界規模の影響に至るリスクが、高いレベルから非常に高いレベルに達するだろう」と高い確信度で記述しています。つまり、温室効果ガスの排出を抑制せず増加するままにした場合、適応策だけでは不十分だということです。

ですから、適応策と緩和策の一方だけでは気候変動の影響を防ぐことはできません。両者が互いに補完しあうようにしてはじめて、気候変動のリスクを低減させることが可能になり

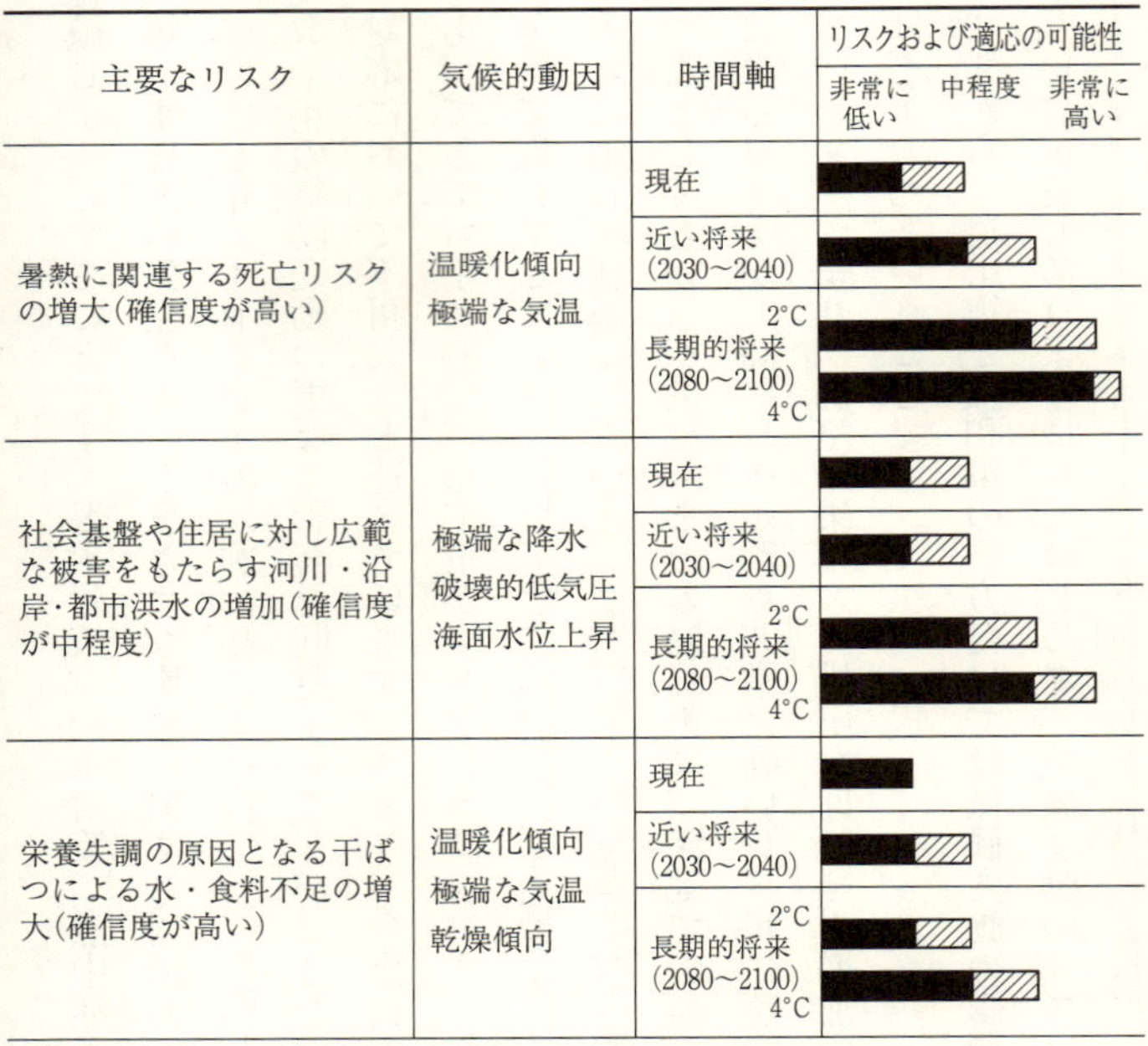

| 主要なリスク | 気候的動因 | 時間軸 | リスクおよび適応の可能性（非常に低い／中程度／非常に高い） |
|---|---|---|---|
| 暑熱に関連する死亡リスクの増大（確信度が高い） | 温暖化傾向<br>極端な気温 | 現在 | |
| | | 近い将来（2030～2040） | |
| | | 長期的将来（2080～2100） 2°C | |
| | | 長期的将来（2080～2100） 4°C | |
| 社会基盤や住居に対し広範な被害をもたらす河川・沿岸・都市洪水の増加（確信度が中程度） | 極端な降水<br>破壊的低気圧<br>海面水位上昇 | 現在 | |
| | | 近い将来（2030～2040） | |
| | | 長期的将来（2080～2100） 2°C | |
| | | 長期的将来（2080～2100） 4°C | |
| 栄養失調の原因となる干ばつによる水・食料不足の増大（確信度が高い） | 温暖化傾向<br>極端な気温<br>乾燥傾向 | 現在 | |
| | | 近い将来（2030～2040） | |
| | | 長期的将来（2080～2100） 2°C | |
| | | 長期的将来（2080～2100） 4°C | |

**図 7-3　アジアにおける主要なリスク**（IPCC 第５次評価報告書より）

ます。

## リスクと適応の可能性

ＩＰＣＣ第五次評価報告書では、水、生態系、沿岸、海、食料、都市、農山漁村、経済、健康、安全保障、貧困、のそれぞれの分野ごとに、リスクおよび適応の可能性について評価しています。

図７－３は、アジアにおける主要なリスクを示したものです。右端の棒グラフ

は、現在、近い将来、長期的将来の三つの時間枠それぞれのリスクの程度です。また、斜線部分は適応によってリスクを減らせることを示しています。これらのリスクは、雨季に多量の雨が降るアジアモンスーンという気候帯に位置する日本でも同様に高いと考えられます。

それぞれ見ていきましょう。

### 暑熱に関連する死亡リスク

気温が上がるのに伴い、極端な高温現象の頻度、継続時間、大きさが増え、熱ストレスが増える可能性は非常に高いと予測されています。暑熱による影響で死亡するリスクや熱中症の患者数の増加が懸念されます。現在すでに中程度のリスクが生じており、適応策をしない場合、近い将来に中程度より高いリスクとなり、今世紀末には、工業化以前から二℃の上昇と四℃の上昇ともに、適応策なしでは非常に高いリスクが生じることが予測されます。

日本での調査によると、ある気温(至適気温)で死亡率が最低となり、それより高い気温と低い気温では死亡率が高くなることが知られています。この至適気温は全国同じではなく、寒冷な気候の地域では低温側に、温暖な気候の地域では高温側に位置することもわかっています。これは、長年の間にその土地の気候に人間の体や生活が適応してきたからでしょう。なお、熱波に際して熱中症による救急搬送は増加するものの、死因として熱中症と報告される例は多くはなく、至適気温を超えて死亡率が上昇するのは循環器疾患、呼吸器疾患が主な死因だとの報告があります。至適気温の地域差を考えると、国内では、北海道や東北地方で暑熱に関連する死亡リスクの増加傾向が大きくなると予想されます。

暑熱に対する適応策の一つに、健康警報システムがあります。また、北海道や東北など寒冷な地域ではエアコンの普及率が低いので、気温上昇に応じたエアコン普及も必要でしょう。エアコンを持っていても、高齢者は使用を控える傾向があるとの新聞報道がありました。エアコンの適度な使用を促す啓発も、特に高齢者単独世帯へは効果的と思われます。

都市ではさらに、地球温暖化に加えてヒートアイランド現象による温度上昇が大きく、特に夜間の気温が下がらなくなっています。ヒートアイランド現象を軽減するためには、都市計画や建築環境の改善といった対策が役立つでしょう。たとえば、沿岸にある都市では、気温上昇を和らげてくれる海風を都市の内部まで行き渡らせられるように、風の道を考慮した都市計画が役に立ちます。屋上を含めて都市をできるだけ緑化することで地表面温度を下げることができます。またアスファルトの道路は昼間に非常に高温になりますが、保水性の塗装を施すことによって、雨などで蓄えた水分を晴れた日に蒸発させ気化熱を奪うことで、「打ち水」をしたときと同じように路面温度を下げることができます。そのほかに、買い物や通勤に公共の交通手段や自転車を使うなど、都市のライフスタイルを変えて人工排熱を低減することにより、ヒートアイランド現象を緩和することができます。

### 河川・沿岸・都市洪水

アジアでは、雨季を通した期間の総降水量が増える可能性が高くなるとともに、極端な降水現象が強度と頻度ともに増す可能性が非常に高いと予測されています。

このことは、洪水を増加させ、インフラや居住に対し広範な被害をもたらすリスクとなります。現在ないし近い将来には、適応策をしないと中程度のリスクが生じるでしょう。長期的将来(二一世紀末)には、工業化以前から二℃の上昇で中程度より高いリスク、四℃の上昇では、適応策なしでは非常に高いリスクが生じることが予測されます。つまり、四℃上昇の世界に比べて、二℃上昇に抑えた場合は、リスクを軽減できるということです。

大雨や強雨や高潮といったハザードが増え続ける可能性が高いですから、その増大に先立って適応策を推進しておかなければ、間に合いません。具体的には、排水設備や防災・減災インフラの改善、ハザードや脆弱性のマッピング（ハザードマップの作成）、早期警戒システムの構築などが挙げられています。

ハザードに対する暴露を減らすこと、つまりハザードが起こる可能性の高い場所にいないことが何よりも肝心です。そのためには、洪水や山崩れなどの災害が起こりやすい地域の開発管理など、長期的観点からの適切な土地利用計画を、より積極的に推進することが必要です。

防災・減災のためには、避難計画を含む早期警戒システムの導入が必要です。国は、大雨警報、土砂災害警戒情報、特別警報といった、災害の早期警戒情報を出しています。自治体も、各種のハザードマップを準備しています。しかし、気象現象の不確実性や技術的制約のために、「空振り」は避けられません。そのため住民は、「今回も自分だけは安心」と思ってしまう傾向があります。住民は、自らリスクを認識するのでなければ、避難勧告や指示が出ても避難しません。住民としても自ら各種ハザードマップを確認し、災害に備える行動が必要です。

## 干ばつによる水・食料不足の増大

気候変動により、もともと雨の少ない期間の雨が減り、短い期間により多い雨が降ると予測されています。また融雪時期が早まることで、農業などの水の需要期に十分な量の水を供給できなくなる可能性があります。このような雨の降り方の変化に加えて、気温上昇により蒸発量が増えるため、干ばつが起こる危険性が増すでしょう。また、作物の収量に対して、総じて気候変動はマイナスの影響の方が勝るため、食料不足の増大をもたらすと予測されています。

水や食料の不足は、栄養失調の原因となるリスクとなります。近い将来には、適応策をしないと中程度のリスクが生じ、長期的将来には、工業化以前から二℃の上昇で中程度のリスク、四℃の上昇では適応対策なしでは中程度より高いリスクが生じると予測されています。

水不足に対しては、水資源の管理方法の練り直しが必要なほか、水インフラや調整池の開発、さらに水の再利用を含む水源の多様化が必要とされます。水を使う側にとっても、灌漑管理の改善や水の過不足に耐えうる農業を進めるなど、より効率的な水利用を考えることが大事です。現在慢性的に水不足にある渇水常襲地域では、トイレの洗浄水に再利用水(中水)をすでに利用しています。飲料水としての水質を必要としないところには、中水を利用できるインフラを欲しいものです。

## 二℃目標は可能か

人為的な気候変動を引き起こしている第一の原因は二酸化炭素やメタンなどの温室効果ガスの排出ですから、気候変動を緩和するには、温室効果ガスの排出を削減することに尽きます。IPCC第五次評価報告書は、さまざまな緩和策の選択肢があることを示し、それらが社会に及ぼす影響を評価しています。

温室効果ガスのほとんどは長期にわたって大気中に蓄積し、また世界中に広がるものなので、温室効果ガスの排出を効果的に削減するには、国際協力が不可欠です。

第4章で述べたように、人類による二酸化炭素の累積総排出量と世界平均地上気温変化はほぼ比例することがわかってきました。不確実性の幅を考慮して、六六%を超える確率で工業化以降の世界平均地上気温上昇を二℃未満に抑えるには、二酸化炭素累積総排出量を（炭素量換算で）七九〇〇億トン以下に抑える必要があります。一八七〇年から二〇一一年までの総排出量がおよそ五一五〇億トン、二〇一二年の一年間の排出量が九七億トンだったので、この排出量が続くと仮定すれば、三〇年で、つまり二〇四〇年ごろにはこの上限に達することになります。二℃目標は達成できるのでしょうか。

人為起源の温室効果ガスの排出ペースは鈍化しておらず、一九七〇年から二〇一〇年にかけて増え続けています。二酸化炭素排出の推進力は、経済成長と人口増加です。経済成長によるエネルギー需要が大きく伸びているため、二酸化炭素の排出ペースが増加しているのです。特に最近は石炭の使用量が増加したことが、石炭から天然ガスへの転換によるエネルギー供給における低炭素化の傾向を逆行させることになっています。

温室効果ガスは二酸化炭素だけではありません。メタンなど、現在のすべての温室効果ガスの効果を二酸化炭素によるものとして換算すると、二酸化炭素濃度は四三〇ｐｐｍになります。追加的な緩和策がなければ、二〇三〇年にはこれが四五〇ｐｐｍを超え、二一〇〇年には七五〇〜一三〇〇ｐｐｍに達します（第４章の高位参照シナリオに相当）。すると、工業化前と比べ、世界平均地上気温は三・七〜四・八℃上昇すると予測されます。なお、温室効果ガスの種類によってその影響が及ぶ期間（寿命）が違っており、長期的な温暖化は、主に二酸化炭素によって引き起こされます。

## 二酸化炭素排出量をどれだけ抑制すればよいか

それでは、将来の二酸化炭素排出をどの程度に抑えれば、二一〇〇年時点で二℃の気温上昇に抑えられるのでしょうか。

そのためには、二〇五〇年に温室効果ガス排出量を、二〇一〇年比で四〇〜七〇％削減したうえで、二一〇〇年には排出をゼロかマイナスにしなければなりません。このような排出経路だと、六六％以上の確率で二一〇〇年に大気中の二酸化炭素換算濃度が四五〇ｐｐｍとなり、二℃未満に抑えられる可能性が高くなります。

このシナリオのような今世紀半ばまでの大幅な排出削減のためには、エネルギー効率の急速な改善と、低炭素エネルギー（再生可能エネルギー、原子力エネルギー、二酸化炭素回収・貯留）の供給比率を大幅に増加（二〇五〇年には二〇一〇年の三倍から四倍近く）させることが必要です。

なお、二酸化炭素の排出量がマイナスというのは、バイオマス発電を行い、さらに発電時に炭素を回収することで、実質的に炭素を大気中から除去することを意味します。植物は栽培時に二酸化炭素を吸収し、バイオマスエネルギーとして燃焼する時に排出する二酸化炭素を回収し、地中などに貯留すれば、全体としてマイナスになり、実質的に二酸化炭素を大気中から除去することになります。

ＩＰＣＣでは、他の排出経路も検討されています。たとえば、二一〇〇年までに一時的に二酸化炭素換算で五三〇ｐｐｍになっても、二一〇〇年時点で五〇〇ｐｐｍ程度の濃度に達するシナリオだと、五〇％以上の確率で二℃未満に抑えられるとしています。

ここでもういちど、二酸化炭素累積総排出量と世界平均地上気温変化の関係、すなわち累積総排出量が気温上昇を決めるということを思い出してください（第4章2節）。ある気温上昇に抑えるためには、たとえば二〇三〇年までの早い段階での削減努力が足りなければ、二〇三〇年以降により多くの削減が必要になる、ということです。このことは、将来の選択の幅が狭まるとともに、現在確立されていない炭素回収といった技術発展に賭けることになり、多くのリスクを将来世代に託す結果となります。

## 3　気候工学

### ジオエンジニアリング

地球温暖化対策として、人為的に地球を冷やすことや、大気中から二酸化炭素を除くことが議論されています。緩和策の一種といえます。このような分野は、ジオエンジニアリング（Geoengineering）と呼ばれています。ジオエンジニアリングを直訳すると地球工学となりますが、原意を汲んで、気候工学と訳されます。気候工学は一般に、「人為的な気候変動の対策として行う意図的な地球環境の大規模改変」と定義されています。

気候工学で考えられている方法は大きく分けて二つあります。太陽放射管理（ＳＲＭ：Solar Radiation Management）と二酸化炭素除去（ＣＤＲ：Carbon Dioxide Removal）です。太陽放射管理の代表的なものが、成層圏へのエーロゾル注入による地球の冷却です。二酸化炭素除去としては、プランクトンの栄養源となる鉄を海洋へ散布する海洋鉄散布による光合成促進・二酸化炭素吸収があります。

気候工学で注意しなければならないのは、その規模と目的です。つまり、地球規模の気候システムを扱うという巨大さと、意図しない影響が広い範囲に及ぶ可能性を秘めているということです。

### 太陽放射管理

地球の気候は太陽からやってくる熱エネルギーにすべてを依存しているわけですから、そもそも太陽から地球に到達する熱エネルギーの一部を遮断して少なくすれば、地球の気温は下がる、というのが太陽放射管理です。すなわち、地球による太陽エネルギーの吸収を小さくするのです。

まず、エーロゾルの大気中への注入が考えられます。一九九一年のピナツボ火山噴火のような大規模な火山噴火では、噴出した大量の硫酸エーロゾルが成層圏に漂い、数ヶ月から数年にわたり太陽エネルギーを反射・散乱させ(日傘効果)、地球の気温を下げる効果があります。火山噴火をまねて、成層圏へ硫酸エーロゾルを飛行機あるいは気球で注入する方法が考えられます。ただし、大規模火山噴火でもその影響は一～二年でなくなりますので、継続的に成層圏へエーロゾルを注入しなければ効果はありません。

そのほかには、海面近くの雲に海塩の粒子を撒くことによって、下層の雲を厚くし、太陽エネルギーの反射率（アルベド）を高くする、という方法も考えられます。さらには、宇宙空間に大量の鏡を配置し、太陽エネルギーをそのまま反射させることも、アイデアとして出されています。太陽光を反射しやすい明るい農作物を植えることや、建物の屋根を白く塗ることで、太陽光の反射率を上げようというアイデアもあります。また巻雲のような上層雲は、地表よりも低い温度で宇宙へ赤外線放出することで温室効果を持っているので、何らかの方法でそのような上層雲の量を減らすことも、太陽放射管理に分類できるでしょう。

太陽放射管理は原理的に太陽が照っている日中しか働きません。一方、温室効果は日中も夜間も効いており、地域によって主に働くメカニズムも異なっています。右に挙げた手法は原理的なアイデアですが、実際にはどうでしょうか。数値実験による太陽放射管理のシミュレーションが行われました。それによると、太陽放射管理で地球全体の温暖化は抑えることができますが、地域的には気温変化は残ります。また降水が変化する地域もあることが示されています。そのほかに、成層圏への硫酸エーロゾル注入はオゾンの減少という副作用をもたらすことがわかっています。

太陽放射管理は、おおむね安価で、かつ温度上昇を抑えるのに速効性があるとされます。ただし、二酸化炭素の排出を削減するわけではないので、大気中の二酸化炭素濃度は増え続け、海洋に溶け込む二酸化炭素も増え続けます。そのため、海洋酸性化問題は解決できません。

太陽放射管理は、二酸化炭素が大気圏に滞留している間、すなわち数百年以上も継続する必要があります。この間に太陽放射管理が何らかの理由で終了した場合には、その時までにかなりの値に達しているであろう大気中二酸化炭素濃度に釣り合った値に、地球の表面温度が急速に(一〇年から二〇年くらいで)上昇するでしょう。太陽放射管理はいったん始めたら、途中でやめられないということです。一国が行える事業ではありませんし、数百年以上にわたって継続する国際組織を設立することも考えにくいでしょう。太陽放射管理の実現は現実的ではありません。

## 二酸化炭素除去

大気中から二酸化炭素を直接除去するために、自然界で炭素の吸収を増やすか、化学的方法で二酸化炭素を除去することが考えられています。

二酸化炭素の吸収を増やす技術としては、植林によって森林による二酸化炭素吸収源を増やすほかに、鉄の散布による海洋肥沃化や、二酸化炭素回収貯留とバイオマスエネルギー利用の組合せなどが提案されています。後者は、ガス・バイオマス・石炭火力発電施設で、発電時に炭素の回収貯留を行うという技術です。これはＣＣＳ(Carbon Capture and Storage)と呼ばれていますが、未確立の技術です。

海洋へ鉄を人工的に散布するとどうなるのでしょう。海洋表層にいる植物プランクトンは、大量の二酸化炭素を吸収して光合成を行って増殖し、地球上の食物連鎖の土台となっています。ところが、地球には南極海など、光合成に必要な窒素やリンなどの栄養塩が豊富にある割に植物プランクトンの少ない海域があります。その理由は、そのような海域では、陸から供給される微量栄養素である鉄が少ないからだとわかってきました。鉄が不足している海域に鉄を散布すれば、植物プランクトンによる光合成を促進し、二酸化炭素の吸収が増えるでしょう。そのため海洋肥沃化と呼ばれます。これまで試験的実験が行われており、大規模に実行すれば五〇ｐｐｍくらいの大気中二酸化炭素濃度を減らす能力はあることが示されています。しかし、海洋生態系への影響があることは必至で、その副作用がどのようなものかはわかっていません。

化学的手段による二酸化炭素除去は、温暖化のみならず海洋酸性化を抑えることができる可能性があります。欠点としては、費用がかかること、効果が出るまで数十年を要し、速効性がないことです。

さらに、これらの技術が永久的な二酸化炭素除去なのか、一時的なのか、ということも問題です。永久的に除去するのでなければ、隔離していた炭素がいずれ大気中に戻ってくることになります。一挙に大気中の二酸化炭素濃度が増えた場合、急激な気候変動が起こることは間違いありません。

現在の地球上では、これまでに人間活動で排出された二酸化炭素の半分ほどが、海洋と陸域に吸収されています。大気と海洋・陸域の二酸化炭素のやり取りはこれからも続いていき、大気中二酸化炭素濃度が上昇すれば海洋と陸域への吸収が正味で増えます。逆に、人工的に大気中の二酸化炭素を除去すると、海洋と陸域に蓄積されていた二酸化炭素が大気中に戻ってきます。したがって二酸化炭素除去は、現在海洋と陸域に余分に蓄積されている二酸化炭素を含めて、これまでに人間活動から排出された二酸化炭素全体を除去するということになります。

## 気候工学の危険性

太陽放射管理にせよ二酸化炭素除去にせよ、その効果や副作用についての科学的理解はまだ不足しています。また手法によっては、社会や生態系への影響も予想されます。特に、地球規模での意図しない副作用や長期的な影響をもたらす可能性が潜在しています。現段階ではその知見が限られているため、気候システムへの影響を総合的かつ定量的に評価する段階にはありません。気候工学を構想段階からさらに進めるためには、有効性とともに副作用まで明らかにしていく必要があります。

## あらためて、二℃目標は可能か

ＩＰＣＣ第五次評価報告書は、工業化以降の地球平均気温上昇を二℃以下に抑える道筋があることを示しました。想定に不確実性はあるものの、現在の最先端の科学の下では、温室効果ガス排出量を炭素換算で七九〇〇億トン以下に抑えることが必要です。そのためには、世界全体の温室効果ガス排出量を、二〇五〇年に二〇一〇年レベルの半分ほどにし、今世紀末にはほぼゼロにする必要があります。今後数十年間の大幅な排出削減が、気候リスクを減らし、適応を効果的にし、長期的な緩和にかかる費用と課題を減らすことができるのです。

しかし現実問題として、二℃以下に抑えることは、私は非常に難しいと思います。すでに五一五〇億トンが排出されており、年間の排出量は約一〇〇億トンで、この値は増加を続けています。温室効果ガスの排出を制限しようとする国際交渉は依然継続中であり、さまざまな慣性があるため、温室効果ガスの排出が減り始めるには相当の時間がかかるでしょう。

悲観的な見解ですが、工業化以降の地球平均気温上昇が三℃から四℃になることは避けられないと考えて、適応策などの対策を立てておくべきでしょう。しかし、先にも触れたように、「深刻で広範にわたる不可逆的な世界規模の影響に至るリスク」が高いことに留意する必要があります。

地球平均の年平均気温は、相対的に熱容量が大きく気温上昇の鈍い海上と、昇温の大きい陸上を平均した値だということに注意しましょう。明らかに、日本の気温上昇は地球平均よりも大きくなります。また北極などの高緯度では、さらに気温上昇は増幅されることもわかっています。

今私たちのなすべきことは、地球平均の気温上昇が二℃、三℃、四℃のときに、地球や地域社会にいったい何が起こるのか、経済的評価を含めてさまざまな分野で定量的に明らかにしておくことでしょう。それらの影響に私たちは適応できるのか、早急に評価すべきです。

温室効果ガス排出の主な原因である石炭の使用量を抑えることは、大気汚染物質を減らすメリットもあります。世界平均で四℃といった人類史上にない昇温した世界に生きるよりは、当面は経済的に苦しくとも温室効果ガス排出量を大幅に削減する方が、結局は得をするのではないでしょうか。そのための定量的な判断材料を、ＩＰＣＣは提示したといえます。

# あとがき

天気は日々に移ろい、二度と同じ気象が現れることはありません。この証明は、アメリカの気象学者エドワード・ローレンツが一九六三年に著した論文が示しています。これはバタフライ効果としても知られており、小さな蝶の羽ばたきがそこから遠く離れた場所の将来の天気に影響を及ぼしうる、と表現されています。一般に、初期にある極めて小さい差が、将来に大きい差を生むというカオス現象です。

これは別に難しいことを言わずとも、「常に同じものはこの世には無い」ことは、鴨長明の『方丈記』冒頭で、「行く川のながれは絶えずして、しかも本の水にあらず。よどみに浮ぶうたかたは、かつ消えかつ結びて久しくとゞまることなし」とある通りです。

地球の気候も、そもそも変動するのが当たり前であり、異常気象が起こるのが「正常」なのです。人類は異常気象や気候変動が常に起こる環境下で暮らしてきました。異常気象に例をとるならば、台風や梅雨期の大雨にさらされてきた日本列島では、洪水や土砂崩れは常に起き、それらが日本の地形を形作ってきました。それらは地形に残っていたり、地名にその痕跡を留めていたりしますが、人々の記憶には留められません。せいぜい一〇年先程度しか見通せない人間は、巨大地震や大規模火山噴火が近い将来起こることは冷静に考えればわかるとしても、自分の目の前に起こるとは考えないようにしています。

地球の気候の歴史には、現在より寒冷な氷河期もあれば、温暖で氷河も氷床も存在しなかった時代もあったことがわかっています。しかし、現生人類の歴史はせいぜい数十万年であり、過去数度の氷期・間氷期サイクルは経験してきたものの、今世紀中にも起こることがほぼ確実な、温暖な気候は未体験ゾーンなのです。

気候変動にどう対処すればいいのかも、人々は考えないようにしているのではないでしょうか。しかし、気候が変わりつつあることを、私たちは知っていますし、皆さんも実感しておられることでしょう。

二〇一五年に開催される気候変動枠組条約締約国会議(COP21)で、すべての国が参加する二〇二〇年以降の枠組みの合意がなされることになっています。この新しい国際枠組みの中で各国の削減目標は、公正さや衡平さを考慮しつつも、各国の事情を反映したものになるでしょう。気候科学者は、それらの場での議論に寄与できるよう、気候変動の実態と原因および予測、影響と適応策、緩和策についての最新の知見をまとめてきました。

私はIPCC第一作業部会第二次〜第五次評価報告書に関わってきた著者の一人として、報告書の概要をぜひ多くの人と共有したいと願い、本書を書きました。本書の内容はIPCC第一作業部会（自然科学的根拠）と第二作業部会（影響・適応・脆弱性）の報告書が取り上げている事項に主に関連しています。またIPCCの報告書ではあまり取り上げられることのない、日本の異常気象や気候変動に関する事項も取り上げました。

なお、IPCC第三作業部会（気候変動の緩和）の報告書では、緩和策のコストや便益、さらには部門別の温室効果削減対策とその可能性について評価しています。これについては関連の解説書をご覧ください。

IPCC第五次評価報告書は、三つの作業部会ごとの全体報告書、技術要約、政策決定者のための要約と、三つの作業部会報告全体を統合した統合報告書（こちらも本体と政策決定者のための要約からなります）から構成される大部のものです。

私が関わったＩＰＣＣ第一作業部会第五次評価報告書では、気候変動の自然科学的根拠についての最新の知見をまとめています。その本文は一〇〇〇ページ以上ありますが、専門家の方は関心を持たれる章だけでもぜひ一読いただきたいと思います。

また、自分は専門家ではないが、もう少し踏み込んだ解説が欲しいという方には、同書の「よくある質問と回答」が役に立つと思います。日本語訳が気象庁ホームページに載っています。「気候の極端現象に何か変化はあるのか？」「排出を今すぐ停止したら将来の気候はどうなるのか？」など、全部で二九のＱ＆Ａが載っています。

また各作業部会および統合報告書の「政策決定者向けの要約」の和訳も、政府のホームページから公開されていますので参考にしてください。

本書の出版にあたっては岩波書店の千葉克彦氏にお世話になりました。感謝しています。

平成二七年一月

鬼頭昭雄

参考文献

IPCC 第1作業部会第5次評価報告書，2013（「政策決定者向けの要約」「概要」「よくある質問と回答」の和訳は気象庁ホームページ www.data.jma.go.jp/cpdinfo/ipcc/ar5/）

IPCC 第2作業部会第5次評価報告書，2014（「政策決定者向けの要約」の和訳は環境省ホームページ www.env.go.jp/earth/ipcc/5th/index.html#WG2）

IPCC 第3作業部会第5次評価報告書，2014（「政策決定者向けの要約」の和訳は経済産業省ホームページ www.meti.go.jp/policy/energy_environment/global_warming/global2.html）

IPCC 第5次評価報告書統合報告書，2014（「政策決定者向けの要約」の和訳は環境省ホームページ www.env.go.jp/earth/ipcc/5th/index.html#SYR）

## 参考文献

江守正多「地球温暖化の予測は「正しい」か？」化学同人，2008

大河内直彦「「地球のからくり」に挑む」新潮新書，2012

環境省環境研究総合推進費S-8温暖化影響評価・適応政策に関する総合的研究「地球温暖化「日本への影響」」，2014（www.nies.go.jp/s8_project/）

気象庁「地球温暖化予測情報 第8巻」，2013（www.data.jma.go.jp/cpdinfo/GWP/index.html）

気象庁「ヒートアイランド監視報告（平成25年）」，2014

鬼頭昭雄「気候は変えられるか？」ウェッジ，2013

独立行政法人国立環境研究所地球環境研究センター編著「地球温暖化の事典」丸善出版，2014

中島映至・田近英一「正しく理解する気候の科学」技術評論社，2013

日本学術会議土木工学・建築学委員会地球環境の変化に伴う水害・土砂災害への対応分科会「提言　気候変動下における水・土砂災害適応策の深化に向けて」，2011

日本気象学会地球環境問題委員会編「地球温暖化－そのメカニズムと不確実性」朝倉書店，2014

熱中症環境保健マニュアル，2014（環境省ホームページ www.env.go.jp/chemi/heat_stroke/manual.html）

文部科学省・気象庁・環境省「気候変動の観測・予測及び影響評価統合レポート「日本の気候変動とその影響」（2012年度版）」，2013（www.jma.go.jp/jma/press/1304/12a/H2504_togo_report.html）

IPCC ホームページ www.ipcc.ch

鬼頭昭雄

1953年大阪府生まれ．京都大学大学院理学研究科地球物理学専攻博士課程退学，理学博士．
気象庁気象研究所気候研究部部長，筑波大学生命環境系主幹研究員，一般財団法人気象業務支援センターに勤務．気候変動に関する政府間パネル（IPCC）第1作業部会第2次〜第5次評価報告書の執筆者を務める．
専攻－気象学
著書－『気候は変えられるか？』（ウェッジ選書）

異常気象と地球温暖化
—未来に何が待っているか　　岩波新書（新赤版）1538

2015年3月20日　第1刷発行
2022年11月15日　第3刷発行

著　者　鬼頭昭雄（きとうあきお）

発行者　坂本政謙

発行所　株式会社 岩波書店
〒101-8002 東京都千代田区一ツ橋2-5-5
案内 03-5210-4000　営業部 03-5210-4111
https://www.iwanami.co.jp/

新書編集部 03-5210-4054
https://www.iwanami.co.jp/sin/

印刷製本・法令印刷　カバー・半七印刷


ISBN 978-4-00-431538-4　　Printed in Japan

# 岩波新書新赤版一〇〇〇点に際して

ひとつの時代が終わったと言われて久しい。だが、その先にいかなる時代を展望するのか、私たちはその輪郭すら描きえていない。二〇世紀から持ち越した課題の多くは、未だ解決の緒を見つけることのできないままであり、二一世紀が新たに招きよせた問題も少なくない。グローバル資本主義の浸透、憎悪の連鎖、暴力の応酬――世界は混沌として深い不安の只中にある。

現代社会においては変化が常態となり、速さと新しさに絶対的な価値が与えられた。消費社会の深化と情報技術の革命は、種々の境界を無くし、人々の生活やコミュニケーションの様式を根底から変容させてきた。ライフスタイルは多様化し、一面では個人の生き方をそれぞれが選びとる時代が始まっている。同時に、新たな格差が生まれ、様々な次元での亀裂や分断が深まっている。社会や歴史に対する意識が揺らぎ、普遍的な理念に対する根本的な懐疑や、現実を変えることへの無力感がひそかに根を張りつつある。そして生きることに誰もが困難を覚える時代が到来している。

しかし、日常生活のそれぞれの場で、自由と民主主義を獲得し実践することを通じて、私たち自身がそうした閉塞を乗り超え、希望の時代の幕開けを告げてゆくことは不可能ではあるまい。そのために、いま求められていること――それは、個と個の間で開かれた対話を積み重ねながら、人間らしく生きることの条件について一人ひとりが粘り強く思考することではないか。その営みの糧となるものが、教養に外ならないと私たちは考える。歴史とは何か、よく生きるとはいかなることか、世界そして人間はどこへ向かうべきなのか――こうした根源的な問いとの格闘が、文化と知の厚みを作り出し、個人と社会を支える基盤としての教養となった。まさにそのような教養への道案内こそ、岩波新書が創刊以来、追求してきたことである。

岩波新書は、日中戦争下の一九三八年一一月に赤版として創刊された。創刊の辞は、道義の精神に則らない日本の行動を憂慮し、批判的精神と良心的行動の欠如を戒めつつ、現代人の現代的教養を刊行の目的とする、と謳っている。以後、青版、黄版、新赤版と装いを改めながら、合計二五〇〇点余りを世に問うてきた。そして、いままた新赤版が一〇〇〇点を迎えたのを機に、人間の理性と良心への信頼を再確認し、それに裏打ちされた文化を培っていく決意を込めて、新しい装丁のもとに再出発したいと思う。一冊一冊から吹き出す新風が一人でも多くの読者の許に届くこと、そして希望ある時代への想像力を豊かにかき立てることを切に願う。

（二〇〇六年四月）

## 環境・地球



## 情報・メディア

## 岩波新書／最新刊から

1938 **アメリカとは何か** ―自画像と世界観をめぐる相剋― 渡辺靖著

今日の米国の分裂状況を象徴するアイデンティティ・ポリティクス。その実相は？ トランプ後の米国を精緻に分析、その行方を問う。

1939 **ミャンマー現代史** 中西嘉宏著

ひとつのデモクラシーがはかなくも崩れ去っていった。軍事クーデター以降、厳しい弾圧が今も続くミャンマーの歩みを構造的に解説。

1940 **江戸漢詩の情景** ―風雅と日常― 揖斐高著

漢詩文に込められた想い、悩み、人生の悲喜こもごも……。人びとの感情や思考を広く掬い上げて、江戸文学の魅力に迫る詩話集。

1941 **記者がひもとく「少年」事件史** ―少年がナイフを握るたび大人たちは理由を探す― 川名壮志著

戦後のテロ犯、永山則夫、サカキバラ。実名・匿名、社会・個人、加害・被害の間で大人たちは揺れた。少年像が映すこの国の今。

1942 **日本中世の民衆世界** ―西京神人の千年― 三枝暁子著

生業と祭祀を紐帯に、殺伐とした時代を生き抜いた京都・西京神人。今に至る千年の歴史に見える、中世社会と民衆の姿を描く。

1943 **古代ギリシアの民主政** 橋場弦著

人類史にかつてない政体はいかにして生まれたのか。古代民主政を生きた人びとの歴史的経験は、私たちの世界とつながっている。

1944 **スピノザ** ―読む人の肖像― 國分功一郎著

思考を極限まで厳密に突き詰めたがゆえに実践的であるという驚くべき哲学プログラムを読み解き、かつてないスピノザ像を描き出す。

1945 **ジョン・デューイ** ―民主主義と教育の哲学― 上野正道著

教育とは何かを問い、人びとがともに生きる民主主義のあり方を探究・実践したアメリカを代表する知の巨人の思想を丹念に読み解く。

(2022. 11)